黑龙江生物科技职业学院
高水平高职院校建设项目成果——项目化课程系列教材

设施蔬菜生产

吕 爽 编著

黑龍江大學出版社
HEILONGJIANG UNIVERSITY PRESS
哈尔滨

图书在版编目（CIP）数据

设施蔬菜生产 / 吕爽编著. -- 哈尔滨 : 黑龙江大学出版社, 2020.2
ISBN 978-7-5686-0472-7

Ⅰ. ①设… Ⅱ. ①吕… Ⅲ. ①蔬菜园艺－设施农业－高等职业教育－教材 Ⅳ. ①S626

中国版本图书馆 CIP 数据核字（2020）第 021764 号

设施蔬菜生产
SHESHI SHUCAI SHENGCHAN
吕　爽　编著

策划编辑　张永生
责任编辑　张永生
出版发行　黑龙江大学出版社
地　　址　哈尔滨市南岗区学府三道街 36 号
印　　刷　哈尔滨市石桥印务有限公司
开　　本　880 毫米 ×1230 毫米　1/16
印　　张　10.75
字　　数　281 千
版　　次　2020 年 2 月第 1 版
印　　次　2020 年 2 月第 1 次印刷
书　　号　ISBN 978-7-5686-0472-7
定　　价　33.00 元

编 委 会

总　序

目前，我国高等职业教育的院校数量和办学规模都有了长足的发展，高等职业教育也进入内涵建设阶段。从高职院校实施重点建设项目的进程来看，从新世纪高等教育教导改革项目开始，到2006年开始的“国家示范性高等职业院校建设计划”骨干高职院校建设项目，再到2015年启动的优质高职院校项目，应该说，进入改革发展新时代的高职院校已经具备了一定的内涵建设水准。如果内涵建设是高水平高职院校建设的基础，那么一定数量的高水平专业就应该是基础之基础，而课程建设更是高水平专业建设的难点和重点。对一所学校来说，所有先进的教学理念、教学改革观念，只有落实到每一位老师身上，落实到每一门课程中，落实到每一堂课的教学中，才能真正发挥效用。

《国务院关于加快发展现代职业教育的决定》（国发〔2014〕19号）明确提出，要推进人才培养模式创新，推行项目教学、案例教学、工作过程导向教学等教学模式。为了以突出能力为目标、以学生为主体、以素质为基础、以项目和任务为主要载体，开设出知识、理论和实践一体化的课程，2015年1月，黑龙江生物科技职业学院聘请教育部高职高专现代教育技术师资培训基地、国家示范性高等职业院校——宁波职业技术学院戴士弘教授所组成的专家团队，开展了为期一年的教师职业教育教学能力培训。全院专任教师完成了主讲课程的项目化教学课程整体和单元设计，有81.39%的专任教师通过了专家组的测评。项目化教学课程改革，有效提升了教师的课程开发能力、教学设计能力、项目化教学实施能力和项目化教改研究能力，为提升课堂教学质量打下了坚实基础。2016年，学院明确将优质项目化课程建设作为教学工作重点，制定了《优质项目化课程建设实施方案》《骨干专业项目化课程体系改造实施方案》等推进制度。在《项目化课程教材编写实施方案》中，明确了项目化教材既是教材又是学材，既是指导书又是任务书，既承载知识又强调能力的总体编写思路。项目化教材要打破学科体系，以实际结构设计任务为驱动，按项目安排教学内容：在内容的编排上，要遵循基于工作过程、行动导向教学的“六步法”原则；在教学目标的实现上，要依据课程改革要求和工作实际需求对相关知识点加以整合，使教学真正与工作过程相关联；在考核评价上，要通过工作任务的完成使学生掌握知识、技能，对项目教学过程与结果进行评价。教材还应附有项目工作分组表、项目工作计划表、项目控制方案、项目报告模板和项目考核表等。要多引入职业标准、专业标准、课程标准、行业企业技术标准及操作规范、企业真实的案例等内容，所选定的项目必须能正确反映行业的新技术、新产品、新工艺和新设备等。2016年起，学院通过4批遴选确定了51门课程为优质项目化课程建设项目。通过2年多的建设，蔡长霞、翟秀梅、杨松岭等11名院级评审专家与课程负责人共同以“磨课”的方式，一门课程一门课程“说”设计、一个单元一个单元“抠”细节，打造了一批优质项目化课程。

“白日不到处，青春恰自来。苔花如米小，也学牡丹开。”这首《苔》是清代诗人袁枚的一首小诗，可以让人领悟到生命有大有小，生活有苦有甜的道理。默默耕耘在高职一线的教师如无名的花，悄然地开着，不引人注目，更无人喝彩。就算这样，他们仍然那么执着地盛开，认真地把自己最美的瞬间毫无保留地绽放给了这个世界。今天，看到学院第一批项目化课程系列教材的5部作品即将问世，我觉得经济管理系翟继云，建筑工程系张树民，食品生物系李晶、李威娜和信息工程系荣慧媛等老师，就像是一朵朵苔花，虽然微小，却也像牡丹那样，开得阳光灿烂，开得芳香怡人！花朵虽香，凝聚的却是众人的汗水。我不敢专美，更不敢心中窃喜，我知道前面的路还很长……

值此学院喜迎70周年华诞之际，黑龙江省高水平高职院校建设项目的标志性成果——项目化课程系列教材是献给学院的生日礼物，令我非常感动，也十分欣慰！我希望全院教师不忘初心，把全部的精力用于课程改革和课程建设中，专注课堂、专注学生，继续开发出更多、更好的项目化教材和教学资源并应用到教学中去，唯其如此，学院建设高职强校的目标才能早日实现！

黑龙江生物科技职业学院院长

李东阳

2018年8月于哈尔滨

前　言

《国务院关于加快发展现代职业教育的决定》(国发〔2014〕19号)明确提出,要推进人才培养模式创新,推行项目教学、案例教学、工作过程导向教学等教学模式。为了突出课程的能力培养目标,以学生为主体,以素质为基础,以项目、任务为主要载体,开设融理论知识和实践为一体的课程,2015年1月,黑龙江生物科技职业学院全面启动了项目化教学课程改革。作为学院9个省级重点专业之一的园艺技术专业,其核心课程"设施蔬菜生产"作为首批院级项目化课程改革项目在整体设计和单元设计等方面都进行了较为深入的改革。该课程负责人吕爽副教授——笔者——作为院级项目化课程改革指导专家,通过作业(学院要求每名专任教师以作业的形式完成课程整体设计和单元设计)修改、作品点评、课程展示、教学示范等方式,在项目化课程开发能力与教学设计能力、项目化教学实施能力和项目化教改研究能力等方面都有了较大幅度的提升。

"设施蔬菜生产"课程以蔬菜种植能力达到蔬菜园艺工国家职业标准为目标,通过设计设施蔬菜生产播种、设施蔬菜生产管理、设施蔬菜生产收获3个项目,培养学生蔬菜种植的"三会"("会种、会管、会收")能力。其中,在设施蔬菜生产播种项目中,根据生产过程设计了蔬菜种子识别与检测、蔬菜种子播前处理、床土配制与消毒、蔬菜播种等4个任务;在设施蔬菜生产管理项目中,根据生产过程设计了设施蔬菜生产苗期管理、设施蔬菜生产定植、设施蔬菜生产田间管理等3个任务;在设施蔬菜生产收获项目中,根据生产过程设计了设施蔬菜生产采收及采后处理任务。通过3个项目和8个任务的学习,学生可以掌握菜田耕整、土壤改良、棚室修造、繁种育苗、栽培管理、产品收获、采后处理等设施蔬菜生产方面的相关知识和技能。

在每个任务的教学实施过程中,在明确学习目标的基础上,课程通过基础知识、操作实施、知识总结、知识拓展、任务拓展和任务考核等教学环节,可以实现"教学做"合一、"心(态度)脑(知识)手(技能)"统一的目标。尤其在操作实施过程中,情境导入、任务布置、操作准备、操作规范和操作记录等步骤,非常有助于培养学生适应室内外不同工作环境的职业素质,树立敬业爱岗、忠于职守、认真负责、实事求是、勤奋好学、精益求精、遵纪守法、诚信为本、规范操作、注意安全的职业意识。

在开发本项目化教材时,笔者秉持力争使其既是教材又是学材,既是指导书又是任务书,既承载知识又强调能力的总体编写思路,打破学科体系,以实际课程结构设计任务为驱动,按项目化要求安排了教学内容。在内容的编排上,遵循基于工作过程、行动导向教学的"六步法"原则;在实现教学目标上,依据课程改革要求和工作实际需求对相关知识点加以整合,使得教学真正与工作过程相关联;在考核评价上,通过工作任务的完成情况以及学生掌握知识、技能的情况,对于项目化教学的过程和结果进行评价。为了更好地对接职业标准,教材还专门列出一章对学生进行蔬菜园艺工操作技能鉴定考核,并附有《蔬菜园艺工国家职业标准》和《蔬菜园艺工理论鉴定要素细目表(三级)》。

本教材在编写过程中得到了黑龙江生物科技职业学院领导的大力支持。在此,笔者要感谢学院领导为积极推进项目化课程改革的青年教师提供了学习和实践的机会。

本教材可以作为涉农类高职院校作物生产技术、园艺技术等专业的学生学习、参考、练习用书。同时,笔者真诚希望本教材的编写思路和体例能为涉农类高职院校种植类课程教材的编写提供参考和借鉴。

由于笔者水平有限,书中难免有不足之处,希望读者批评指正,以待再版时加以完善。

吕　爽

2019 年 12 月 31 日

目　　录

课程目标

一、课程总体目标

本课程依据《蔬菜园艺工国家职业标准》，以使学生具备蔬菜种植的“三会”（会种、会管、会收）能力，掌握菜田耕整、土壤改良、棚室修造、繁种育苗、栽培管理、产品收获、采后处理等设施蔬菜生产方面的相关知识和技能，养成适应室内外不同工作环境的职业素质，树立敬业爱岗、忠于职守、认真负责、实事求是、勤奋好学、精益求精、遵纪守法、诚信为本、规范操作、注意安全的职业意识为目标。

二、课程能力目标

1. 能按照设施蔬菜生产标准，完成本地区蔬菜生产设施的类型调查。

2. 能在不同类型的设施内完成蔬菜种子的播前处理、床土的配制及消毒，以及整地做畦、播种、移栽、定植等工作。

3. 能根据蔬菜的生长情况，完成不同设施内光、温、水、气、肥的调控。

4. 能结合分析蔬菜的生长状态，完成苗期管理、田间管理等生产操作工作。

5. 能根据蔬菜不同生长时期的生长情况，完成蔬菜生长指标的数据记录和数据分析。

6. 能依据蔬菜的采收标准，完成不同种类蔬菜的采收、处理、包装。

7. 能结合本地区蔬菜的栽培面积、栽培目的，制定蔬菜生产的栽培计划和操作规程。

8. 能利用现代化信息收集手段，获得设施蔬菜生产最新、最前沿的相关知识。

三、课程知识目标

1. 了解本地区蔬菜生产设施类型的分布情况。

2. 知道设施蔬菜的撒播、穴播（点播）、条播等3种播种方法。

3. 掌握设施蔬菜生产过程中光、温、水、气、肥的田间管理及田间用药技术。

4. 掌握不同蔬菜的具体采收标准和包装方法。

5. 理解本地区设施蔬菜生产计划和操作规程制定的目的。

四、课程素质目标

1. 培养学生适应风吹、雨淋、日晒的工作环境，并经常与泥土、蚊虫、粪肥打交道的职业能力。

2. 在生产操作过程中，培养学生对于种子、农药、化肥、床土等耗材进行成本核算的管理意识。

3. 通过让学生分组合作完成设施蔬菜的种、管、收操作，培养学生对于设施蔬菜生产的职业责任心。

4. 在生产操作过程中，培养学生遇到生产技术问题积极查找资料，有效进行团队的沟通、讨论、研究，进而解决问题并承担责任的职业素养。

5. 通过完成正确的生产操作并进行反复的常规生产操作，培养学生严谨认真、精益求精的工作态度。

6. 通过主动学习国家职业标准、企业标准以及各类证书的认证标准，培养学生遵守职业标准严格、操作规范安全、履行工作职责认真的思想和行为习惯。

项目一　设施蔬菜生产播种

任务一　蔬菜种子识别与检测

一、学习目标

（一）知识目标

1. 掌握蔬菜种子的外部形态特征。
2. 掌握蔬菜种子的内部结构。
3. 理解蔬菜种子的形态、结构特征与播种方法之间的关系。
4. 知道种子的萌发情况与播种操作之间的关系。
5. 了解种子的发芽率、发芽势在蔬菜种子质量检测中的区别。

（二）能力目标

1. 根据蔬菜种子的外部形态特征，识别各种蔬菜种子。
2. 依据蔬菜种子的内部结构，完成植物学上“种子”和生产上“种子”的判断。
3. 根据蔬菜种子的形态特征，确定播种方法。
4. 依据蔬菜种子的萌发方式，判断播种操作规范正确与否。
5. 利用蔬菜种子的发芽率、发芽势，判断蔬菜种子的发芽速度、整齐度、发芽数量。

（三）素质目标

1. 在通过个人操作、小组合作完成蔬菜种子识别操作的过程中，培养学生遇到生产技术问题积极查找资料，有效进行团队的沟通、讨论、研究，进而解决问题并承担责任的职业素养。
2. 通过正确的生产操作以及反复进行的常规操作，培养学生严谨认真的工作态度。
3. 通过识别蔬菜种子的全过程操作，培养学生自主学习的职业能力。
4. 在生产操作过程中，培养学生对于种子、农药、化肥、床土等耗材进行成本核算的管理态度。

二、基础知识

蔬菜作物的播种材料种类多样，除食用菌外，主要有真种子、果实（类似于种子）、营养器官三大类。例如，菜豆等豆科蔬菜、甘蓝等十字花科蔬菜、黄瓜等葫芦科蔬菜、大葱等百合科蔬菜的播种材料为真种子，其发芽相对较为容易；茼蒿等菊科蔬菜、芹菜等伞形科蔬菜、菠菜等藜科蔬菜的播种材料为果实，其发芽相对较为困难，一般情况下均需进行播种前处理；大蒜（鳞茎）、莲藕（根茎）、慈姑（球茎）、菊芋（块茎）等蔬菜的播种材料为营养器官。

（一）蔬菜种子形态识别

蔬菜种子形态包括蔬菜种子的形状、大小、色泽、附属物、表面特征、气味等，是识别蔬菜种子的主要依据。

1. 蔬菜种子的形状

蔬菜种子主要有圆形（卵圆形、椭圆形、扁圆形）、长形（披针形、纺锤形）、特殊形（心形、肾形、盾形）、立体形（球形、棱柱形）和不规则形等形状。

2. 蔬菜种子的大小

在设施蔬菜的实际生产中，蔬菜种子的大小主要依据种子直径（纵向直径、横向直径）和种子千粒重这两个指标来确定。如按三级分类，蔬菜种子可分为大粒种子、中粒种子和小粒种子；如按五级分类，蔬菜种子可分为超大粒种子、大粒种子、中粒种子、小粒种子和微粒种子。

3. 蔬菜种子的色泽

蔬菜种子的色泽是指蔬菜真种子的种皮颜色及光泽，如褐色、灰色、黑色、白色、红棕色等。此外，在识别蔬菜种子的色泽时，还要注意真种子的种皮是否有光泽、是否有斑纹、是否有图案，以及同一种蔬菜不同品种种子的颜色是否一致。

4. 蔬菜种子的附属物

蔬菜种子的附属物是指蔬菜真种子表面上的绒、刺、蜡层等。

5. 蔬菜种子的表面特征

蔬菜种子的表面特征主要是指蔬菜种子的表面是否光滑、是否有瘤状突起、是否有棱、是否有褶皱、是否有凹凸，以及是否有明显的发芽孔和脐等。

6. 蔬菜种子的气味

不同蔬菜的种子会有不同的气味。其中，伞形科蔬菜种子有特殊的香辛味，如芫荽（北方称为香菜，南方称为芫荽）。但是，并不是所有蔬菜的种子都有气味，也不是蔬菜种子的气味都与蔬菜的气味一致，如臭菜种子就没有味道，而臭菜却有着淡淡的臭味。

（二）蔬菜种子特征与播种操作的关系

蔬菜种子的大小与播种的方式方法以及覆土厚度的选择有较为密切的关系。例如，超大粒和大粒种子的播种通常采用点播（穴播）方法，中粒种子采用条播方法，小粒和微粒种子采用撒播方法；覆土厚度一般为种子直径的3～5倍。种皮的厚度和致密程度、种子自身的吸水能力以及浸种催芽的技术方法，均与种子的发芽速度有较为密切的关系。以果实为播种材料的蔬菜作物（如芫荽）为例，其种子发芽比较困难，因此在播种前需要对种子进行机械处理（破坏种皮），以利于其吸水发芽，进而提高发芽率。

（三）种子的发芽率、发芽势

1. 蔬菜种子的发芽率

蔬菜种子的发芽率是指供测试蔬菜种子发芽的粒数占供测试蔬菜种子总数的百分比。例如：若 1 000 粒某品种供测试菜豆种子经发芽试验操作后，有 960 粒发芽，则该品种菜豆种子的发芽率为 96%。发芽率是衡量不同蔬菜种子质量的重要指标之一。在设施蔬菜生产上，发芽率被作为生产用种量计算的依据之一。

2. 发芽势

蔬菜种子的发芽势是指供测试蔬菜种子的发芽速度以及发芽的整齐程度，即从蔬菜种子发芽开始，至发芽达到高峰这一时间段内，发芽种子的数量占供测试蔬菜种子总数的百分比。这个数值越大，表示该蔬菜种子的发芽势越强。发芽势与发芽率都是检验蔬菜种子质量的依据。

3. 蔬菜种子发芽率和发芽势的计算公式

$$\text{蔬菜种子的发芽势} = \frac{M_1}{M} \times 100\%$$

$$\text{蔬菜种子的发芽率} = \frac{M_2}{M} \times 100\%$$

式中：

M_1——发芽势天数内的正常发芽粒数；

M_2——全部正常发芽粒数；

M——供测试种子总粒数。

三、操作实施

（一）情境导入

1. 电话咨询

菜农打来咨询电话，说手中有一种不知道是什么蔬菜的种子，请求教师帮忙鉴定。由于菜农只简单地描述了种子的大小和颜色，因此，我们要想准确地判断出是哪种蔬菜的种子，还需要菜农对种子进行哪些方面的描述？

2. 面对面咨询

一位菜农来到了教师的办公室，想对已知品种的蔬菜种子进行种子寿命鉴定，但却不知道需要进行哪些方面的测定。为此，我们需要从哪些方面对其加以指导？

（二）任务布置

1. 角色转变

全班学生分成 4 个小组，教师、学生进行角色转变。

（1）每个小组为一个生产单位。

（2）学生角色：公司的 CEO（首席执行官）、材料员、技术员、信息采集员、销售员、成本核算员等。

在每个生产单位中，每个学生所担任的职务都由该生产单位自行安排。

(3)教师为公司的老板，为每个生产单位提供100元启动经费。

2. 成绩记录

检查生产单位的任务完成情况时，以生产单位的操作进行评价；考核任务完成过程中个人的操作时，以个人的成绩进行记录。

3. 材料领取

本次任务所用材料由教师提供。各生产单位的材料存在品种上的差异，但不计入生产成本。

4. 任务操作

根据所展示蔬菜种子的外部特征，每个生产单位都要完成各种蔬菜种子的识别。

(三)操作准备

种子类别：白菜、甘蓝、萝卜、胡萝卜、芹菜、芫荽、茼蒿、菠菜、洋葱、韭菜、番茄、茄子、黄瓜、丝瓜、苦瓜、西瓜、豇豆、菜豆等。

仪器设备：手持放大镜、医用解剖刀(不同规格)、尖头镊子、直尺(10～20 cm)、培养皿(10 cm×10 cm)、分析天平、恒温箱等(见图1－1)。

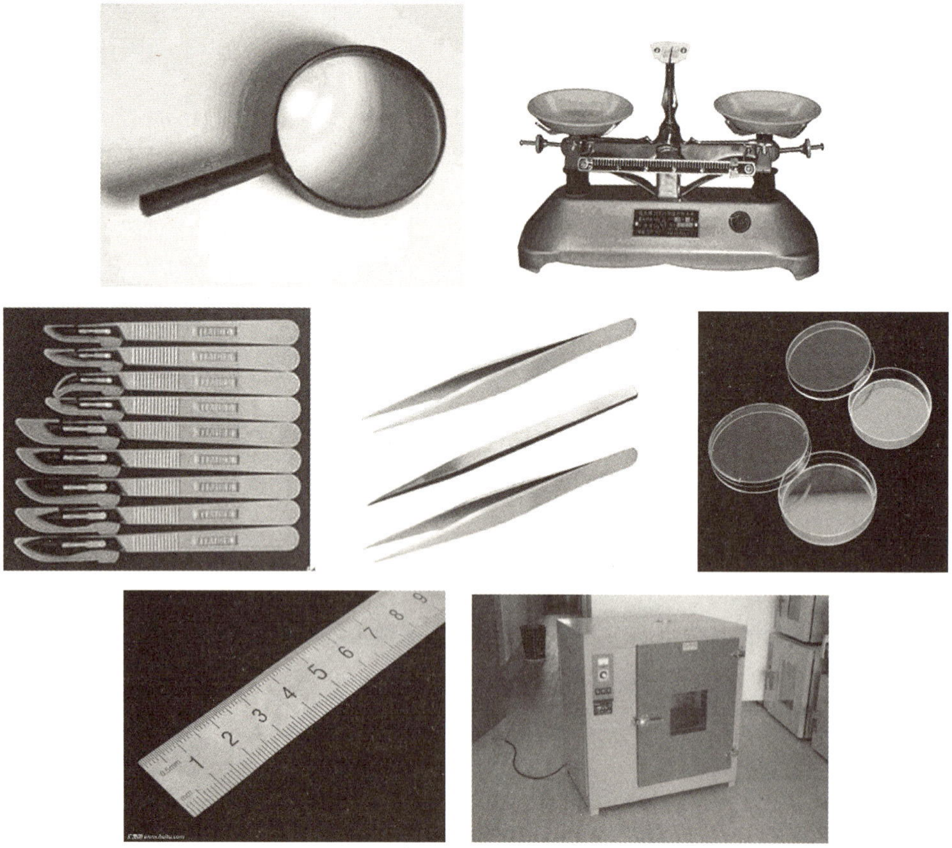

图1－1　识别蔬菜种子所用仪器设备

（四）操作规范

1. 形态观察

观察与感觉种子的形状、色泽、气味，以及种皮的形态，如光洁度、沟、棱、毛刺、网纹、蜡质和凸起物等。

2. 结构观察

首先，观察浸种后的蔬菜种子；其次，用医用解剖刀分别横剖、纵剖蔬菜种子；最后，用放大镜观察蔬菜种子不同部位的结构。

3. 种子纯度测定

根据蔬菜种子的形态，称量出不同蔬菜种子 2 份，每份 5～100 g，仔细清除杂物后，再重新称重，计算出样品种子纯度。

4. 千粒重测定

首先，将得到的纯净种子呈四方形平铺在桌面；其次，沿对角线将其分为 4 个三角形；最后，将其中 2 个三角形的种子混合。如此重复取样，直至种子只有千粒左右时，数出 1 000 粒进行称重。

5. 发芽率、发芽势测定

将每 100 粒纯净种子作为 1 份，取 2～3 份放置于垫有湿润滤纸的培养皿中；放置 2 d，每天记载发芽粒数，直至发芽终止。依据记录结果，计算发芽率、发芽势。

注意：喜温的蔬菜种子应放置于 25 ℃恒温箱中催芽，喜凉的蔬菜种子应放置于 20 ℃恒温箱中催芽。

（五）操作记录

操作记录按表 1－1 执行。

表 1－1　蔬菜种子形态特征记录表

序号	种子名称	科名	形状	颜色及光泽	表面特征	种子或果实	其他

（六）结果描述

1. 蔬菜种子的形状。

2. 蔬菜种子的大小。

3. 蔬菜种子的种皮颜色。

4. 蔬菜种子种皮的光泽。

5. 蔬菜种子的表面附属物。

6. 蔬菜种子的表面特征。

7. 蔬菜种子的气味。

8. 蔬菜种子的构造。

四、知识总结

(一)绘制种子的内部结构

1. 豇豆。

2. 番茄。

（二）区分外部形态相近的种子

1. 洋葱、韭菜和大葱。

2. 黄瓜和甜瓜。

3. 甘蓝和白菜。

4. 南瓜、笋瓜和西葫芦。

（三）资料查找

由于从蔬菜种子的外部形态特征上，我们难以区分同一种蔬菜不同品种的种子，采用什么样的技术手段才能准确完成其区分判断？请查阅相关的资料说明。

五、知识拓展

（一）几种主要蔬菜种子的基本形态特征

1. 十字花科

（1）芸薹属：种子一般比较小，呈圆球形，通常为褐色。

大白菜种子：圆球形，球面有单沟，黄褐色且有光泽。

油菜种子：圆球形，红褐色，含油多。

甘蓝种子：近球形并略带方，球面有双沟，黄褐色，个头较大。种皮一般具蜡粉。

花椰菜种子：近似甘蓝种子，但较小。

芥菜种子:个头小,深褐色。

(2)萝卜属:种子一般比较大,呈不规则形且种脐明显有沟,通常为杏黄或红褐色。

白萝卜种子:黄色。

红萝卜种子:黄褐色。

皮肉具色型萝卜种子:红褐色。

2. 葫芦科

种子比较大,多呈扁卵形且种脐明显,有边或无边。

(1)甜瓜属:种子呈灰黄或黄白色,一般为纺锤形或披针形,无突起的边缘。

(2)冬瓜属:种子近倒卵形,种皮有疏松的较厚软膜。

(3)南瓜属:种子大,有边且呈扁卵形,一般为灰白或黄白色。

中国南瓜种子:灰白或黄白色。种皮边缘明显,粗糙而厚,且颜色比种皮中央部分深。种脐平直或歪斜或圆钝。

美洲南瓜种子:种皮边缘极不明显,与种子其他部分的颜色及质地均相同,为略突起的窄边。种皮白色,种子扁平,种脐大而平直或圆钝。

印度南瓜种子:种皮边缘不明显,种子大而厚,种脐斜。

3. 茄科

番茄种子:扁平而略带圆形,灰黄色或灰绿色。种子表面密被茸毛,脐部较平。

辣椒种子:近似番茄种子,但稍大。鲜黄色,种皮厚薄不均,具有强烈辣味。

茄子种子:近似番茄种子。种皮光洁,浅褐至深褐色,有蜡层,种脐位于中间。

4. 豆科

种子比较大,呈肾形、球形或近方形。种皮或平滑有光泽,或皱缩无光。

菜豆种子:肾形、卵圆形、圆球形、筒形,白、黑褐、棕黄或红褐色。种皮或有斑纹,或颜色纯净一致,平滑且具光泽。种脐短,多为白色。

豇豆种子:肾形,比菜豆小。种皮具皱纹,光泽暗,有各种颜色。

豌豆种子:圆球形,土黄色或浅绿色,多皱或光滑。种脐短,多为透明或黑色。

蚕豆种子:宽而扁平的肾形,个头大,绿或淡褐色。种脐黑色或与种皮一色,顶生且较大。

扁豆种子:椭圆形。种脐隆起,大且偏于一端,或为白色而种皮黑色,或与种皮均为白色。

5. 百合科

种子较小,一般为黑色、盾形。

大葱种子:表面平滑,横切面呈三角形。脐部凹洼较浅。

洋葱种子:表面具皱纹,横切面呈三角形。脐部凹洼较深。

韭菜种子:表面具细而密的皱纹,横切面呈半圆形。脐部无凹洼。

石刁柏种子:个头大,背部圆,一边略扁平,黑色且具光泽。

6. 伞形科

种子为果实,个头小,具香味,深褐色。果皮具棱纹或毛。

芹菜种子:圆形,个头小,有特殊香味。

胡萝卜种子:舟形,背面具四列刺毛,有特殊香味。

芫荽种子:球形,灰黄色,果皮坚硬,有香味。

茴香种子:舟形,个头较大,有香味。

7. 藜科

有刺菠菜种子:个头较大,近菱形,灰褐色。孢果,果皮硬。

无刺菠菜种子:不规则形,灰褐色。孢果,果皮硬。

菜用根甜菜种子:聚合果,一般由3个果实结合成球状,表面多皱,灰褐色。

8. 菊科

下位瘦果种子:由二心皮的子房及花托形成。

结球莴苣种子:银灰色,纺锤形。

叶用莴苣种子:黄褐色,颜色不纯净。

莴笋种子:褐色,披针形。

茼蒿种子:短柱形,深黄褐色。

9. 苋科

苋菜种子:个头较小,扁球形,黑色,具有强光泽。

10. 锦葵科

黄秋葵种子:短肾形,黑色,被一层黄绿色附着物,具残存的株柄。

冬寒菜种子:个头较小,扁平肾形,黄灰色,具平行线纹。

11. 旋花科

蕹菜种子:四分之一球形,褐色,光泽暗,种皮硬。

12. 禾本科

甜玉米种子:形状似普通玉米种子,但多皱褶,半透明。

(二)蔬菜种子检索(参见赵国余:《蔬菜种子学》,北京农业大学出版社1989年版)

十字花科(Brassicaceae,曾用名Cruciferae)蔬菜种子检索表

1. 种子有棱角,呈卵形或心脏形 ……………………………… (*Raphanus sativus* L.)萝卜

1. 种子无棱角,呈圆球形或长椭球形

  2. 种子呈圆球形,种皮色深

    3. 种皮紫褐色至铁灰色,种脐为圆形 ………………………… (*Brassica oleracea* L.)甘蓝

    3. 种皮色较浅,种脐为卵形或椭圆形

      4. 种皮色很浅,呈红褐色,种脐为卵形 …… [*Brassica juncea* (L.) Czern. et Coss.]芥菜

      4. 种皮色较浅,呈紫褐色,种脐为椭圆形

        5. 种子中等偏大,平均千粒重3.25 g,种皮色稍深 ……………………………………………………………………… (*Brassica campestris* ssp. *pekinensis* L.)大白菜

        5. 种子中等偏小,平均千粒重2.65 g,种皮色稍浅 ……………………………………………………………………… (*Brassica campestris* ssp. *chinensis* L.)小白菜

  2. 种子呈半球形或长椭球形,种皮色浅

6. 种子呈半球形,种皮红棕色 …………………… (*Nasturtium officinale* R. Br.)豆瓣菜
6. 种子呈长椭球形,种皮黄棕色 ………………… [*Capsella bursa-pastoris*(L.)Medic]荠菜

伞形科(Umbelliferae)蔬菜种子检索表

1. 果实较大,成熟时双悬果不易分离
2. 果实呈半球形,棕色,果棱20多条 …………………… (*Coriandrum sativum* L.)芫荽
2. 果实扁平呈椭球形,灰色,果棱5条 …………………… (*Pastinaca sativa* L.)欧防风
1. 果实较小,成熟时双悬果易分离
3. 果实呈半卵形(2个果实合成卵形),褐色或黄褐色,果棱5条,棱上有很多刺毛 ……………………………………………… (*Daucus carota* L. var. *sativa* Hoffm)胡萝卜
3. 果实呈半椭球形(2个果实合成椭球形),灰褐色或黑褐色,棱上无刺毛
4. 果实较大,呈半长卵形(2个果实合成长卵形),黄褐色,果棱13条 ……………………………………………… (*Foeniculum vulgare* Mill.)茴香
4. 果实细小,呈半椭球形(2个果实合成椭球形),黑褐色,果棱9条 ……………………………………………… (*Apium graveolens* L.)芹菜

茄科(Solanaceae)蔬菜种子检索表

1. 种皮被有白色茸毛…………………………………… (*Solanum lycopersicum*)番茄
1. 种皮无茸毛
2. 种子较大,扁平,略呈方形,种皮粗糙且具网纹,周围略高,呈浅黄色 ……………………………………………… (*Capsicum annuum* L.)辣椒
2. 种子较小,种皮光滑,中央隆起,呈黄褐色
3. 种子近球形 …………………………………… (*Solanum melongena* L.)茄子
3. 种子呈芝麻形 ………………………………… (*Solanum tuberosum* L.)马铃薯

葫芦科(Cucurbitaceae)蔬菜种子检索表

1. 每果仅1粒种子,种子与果肉相连,播种时连果实一起播下…………… (*Sechium edule*)佛手瓜
1. 每果有多数种子,种子与果肉分离,播种时仅播下种子
2. 种子尾部有刚毛
3. 种子尾部刚毛稠密…………………………………… (*Cucumis sativus* L.)黄瓜
3. 种子尾部刚毛稀疏 ………………………………… (*Cucumis melo* L.)甜瓜
2. 种子尾部无刚毛
4. 种皮质地疏松,呈海绵状
5. 种子扁平,呈卵形,一头尖、一头圆
6. 种子边缘有棱状突起,脐的两侧有种瘤
7. 种子小,千粒重在30.78 g左右 ……………………………… [*Benincasa hispida* (Thunb.) Cogn. var. *chiehqua* How]节瓜
7. 种子大,千粒重在44.50 g左右 ………… (*Benincasa hispida* Cogn.)粉皮冬瓜
6. 种子边缘无棱状突起,脐的两侧种瘤不明显 … (*Benincasa hispida* Cogn.)青皮冬瓜
5. 种子扁平,呈单履形,一头尖、一头平 ……………………[*Lagenaria siceraria* (Molina) Standl. var. *depressa* (Ser.) Hara]扁蒲(瓠瓜)

4. 种皮质地致密
  8. 种子较厚，呈六角形，有浅黄色花纹，状似龟背 …………（*Momordica charantia* L.）苦瓜
  8. 种子较薄，呈卵形
    9. 脐的两侧无种瘤
      10. 种子边缘金黄色线条明显 ………………………………………………………………………………………[*Cucurbita moschata*（Duch. ex Lam.）Duch. ex Poiret]中国南瓜
      10. 种子瘦小，呈长卵形，种皮光滑，喙小而平直 ……（*Cucurbita pepo* L.）美洲南瓜（西葫芦）
    9. 脐的两侧有种瘤
      11. 有椭圆形种瘤 ………………[*Citrullus lanatus*（Thunb.）Matsum. et Nakai]西瓜
      11. 有眉状和钳状种瘤
        12. 有眉状种瘤，四周有种翼 ………………（*Citrullus lanatus* Mansfeld.）普通西瓜
        12. 有钳状种瘤，四周无种翼 ……………[*Luffa acutangula*（L.）Roem.]棱角丝瓜

菊科（Compositae）蔬菜种子检索表

1. 果实四周有纵行果棱 14 条，果实顶端有环状冠毛 1 束 …………（*Sonchus oleraceus* L.）苦苣
1. 果实每面有纵行果棱 10 条或 10 条以下，果顶冠毛脱落
  2. 果实每面有纵行果棱 10 条，果棱间有斑纹 ……………………………（*Arctium lappa* L.）牛蒡
  2. 果实每面有纵行果棱 9 条，果棱间无斑纹
    3. 果实扁平，呈披针形 ………………………………………………（*Lactuca sativa* L.）莴苣
    3. 果实较厚，呈梯形 ……………………………………………（*Chrysanthemum coronarium* L.）茼蒿

百合科（Liliaceae）蔬菜种子检索表

1. 种子较大，略呈球形，种皮较光滑 ………………………………（*Asparagus officinalis* L.）石刁柏
1. 种子较小，呈盾形或三角锥形，种皮较皱
  2. 种子扁平，呈盾形，腹背不明显，脐突出，种皮皱纹细而密 ……………………………………………………………………………………………（*Allium tuberosum* Rottl. ex Spreng.）韭菜
  2. 种子略呈三角形，背部突出，有棱角，脐凹陷，腹部略呈圆形
    3. 腹部与脐相对方向有局部突出 ……………………………………（*Allium porrum* L.）韭葱
    3. 腹部与脐相对方向无局部突出
      4. 脐部凹陷浅，背部皱纹少且整齐 ………（*Allium fistulosum* L. var. gigantum Makino）大葱
      4. 脐部凹陷深，背部皱纹多且不规则 ……………………………（*Allium cepa* L.）洋葱

豆科（Leguminosae）蔬菜种子检索表

1. 种皮上有发自脐部的放射状花纹
  2. 种子扁平，呈半肾形，种子小 …………………………………（*Phaseolus lunatus* L.）小菜豆
  2. 种子扁平，呈肾形，种子大 ……………………………………（*Phaseolus limensis* Macf.）大菜豆
1. 种皮上没有发自脐部的放射状花纹
  3. 脐呈楔形（三角形） ……………………………………[*Vigna unguiculata*（L.）Walp.]豇豆
  3. 脐呈椭圆形或线状
    4. 脐呈椭圆形

5. 种子呈球形,脐突出于种皮……………………………………（*Pisum sativum* L.）豌豆
5. 种子呈椭球形
6. 脐凹入种皮,发芽孔边有1对种瘤 ……………………………（*Phaseolus vulgaris* L.）菜豆
6. 脐与种皮平,发芽孔边无种瘤 …………………………［*Glycine max*（L.）Merr.］毛豆
4. 脐呈线状
7. 脐白色,突出于种皮,其长度占种子长度1/3左右 ……………………………………………………………………………………［*Lablab purpureus*（Linn.）Sweet］扁豆
7. 脐黑色,与种皮平,其长度不足种子长度1/3
8. 种子扁平,呈椭球形,微有凹凸,脐冠通常脱落 ……………………（*Vicia faba* L.）蚕豆
8. 种子较厚,呈椭球形或肾脏形,脐的周围有膜状脐冠
9. 种皮红色,籽粒较大 ……………………………（*Canavalia gladiata* DC.）高刀豆
9. 种皮白色,籽粒较小 ……………………………（*Canavalia ensiformis* DC.）矮刀豆

藜科（Chenopodiaceae）蔬菜种子检索表

1. 果实为单果,呈球形或菱形,萼片脱落
2. 果实呈球形,果实表面无刺 ……………………（*Spinacia oleracea* var. *inermis* Peterm）圆籽菠菜
2. 果实呈菱角状或多角形,果实表面有刺 ……………………………………………………………………………………（*Spinacia oleracea* L. var. *spinosa* Moench）刺籽菠菜
1. 果实为聚花果,呈多角形,萼片宿存
3. 每一聚花果有3~4个单果,萼片长而开展,种子较大 ……………………………………………………………………………………（*Beta vulgaris* L. var. *rapacea* Koch.）根用甜菜
3. 每一聚花果有1~2个单果,萼片短而内抱,种子较小 ……………………………………………………………………………………（*Beta vulgaris* L. var. *cicla* L.）叶用甜菜

六、任务拓展

（一）使用检索表鉴别蔬菜种子

依据图1－2的编号,确定种子名称并记录于表1－2。

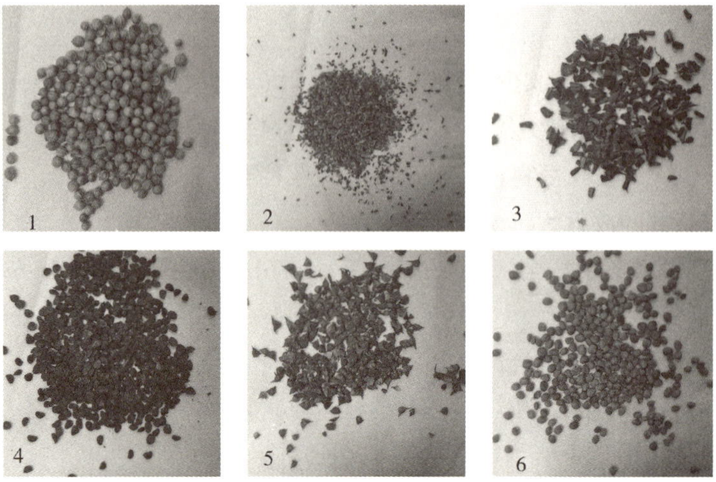

图1－2　蔬菜种子

表 1－2　蔬菜种子形态特征记录表

序号	种子名称	科名	形状	颜色及光泽	表面特征	种子或果实	其他
1							
2							
3							
4							
5							
6							

（二）蔬菜幼苗识别

观察自己所认识的几种蔬菜幼苗，填写表 1－3。

表 1－3　蔬菜幼苗形态观察记录表

序号	幼苗名称	科名	胚茎			子叶			真叶		
			形状	颜色	其他特征	形状	颜色	其他特征	形状	颜色	其他特征

七、任务考核

考核分为操作考核和综合考核。

(一)操作考核

操作考核按表1－4的内容进行，评定等级系数见表1－5。

表1－4　操作技能鉴定试题评分表

学生姓名：

试题名称		蔬菜种子识别			鉴定时限			25 min		
评价要素		配分	等级	评分细则	评定等级					得分
					A	B	C	D	E	
形态	种子的形状、大小、颜色、光泽、表面特征、边缘和气味	4	A	完全正确						
			B	基本正确(少1项或错1项)						
			C	部分错误(少3项或错3项)						
			D	部分正确(对1项)						
			E	差或未答题						
结构	种皮、胚、胚乳	4	A	完全正确						
			B	错1项						
			C	错2项						
			D	差或未答题						
生理指标	种子的纯度、千粒重、发芽率、发芽势	10	A	完全正确						
			B	基本正确						
			C	部分错误						
			D	与实际要求相差较大						
			E	差或未答题						
文明操作	操作是否熟练，场地是否清洁	2	A	操作熟练，场地清洁，工具整理到位						
			B	操作熟练，场地较清洁，工具整理基本到位						
			C	操作熟练，场地一般清洁，工具未全部整理到位						
			D	操作不熟练，场地脏乱，工具乱放						
			E	差或未答题						
合计配分		20	合计得分							

考评员(签名)：

表1－5　评定等级系数表

等级	A(优)	B(良)	C(及格)	D(较差)	E(差或未答题)
系数	1.0	0.8	0.6	0.2	0

注：评价要素得分＝配分×等级系数。

(二)综合考核

综合考核按表 1-6 进行。

表 1-6 项目教学评价表

学生姓名	日期	课程项目名称			指导教师
课上评价(50分)	预习实验内容	遵守安全操作规程	实验产品质量、数量	学生操作过程中表现	实验操作
	能认真预习实验内容(5分)	符合操作规程(5分)	质量很好,达到规定数量(12分)	好(8分)	操作规范、精确(20分)
			质量好,没有达到规定数量(8分)	一般(3分)	操作规范、正确(15分)
	没预习实验内容(0分)	不符合操作规程(0分)	质量一般,达到规定数量(4分)	不好(0分)	操作基本规范(12分)
			质量不好,数量不足(0分)	—	操作不规范、偏差大(6分)
课下评价(50分)	协助教师准备实验所用仪器设备、材料和药品等	完成生产调查表的书写、记录并汇报情况	实验成果质量		保持仪器设备完好及实验场地整洁
	积极主动协助(10分)	积极提问,独立完成(10分)	实验成果质量很好,数量多(20分)		实验结束后整理好场地,仪器设备完好(10分)
	主动协助(5分)	独立完成(8分)	实验成果质量好,数量较多(15分)		实验结束后不整理场地,或仪器设备有损坏(0分)
	被动协助(2分)	抄袭别人(0分)	实验成果质量一般,数量少(12分)		—
	不协助(0分)	—	实验成果质量不好,数量不足或无(6分)		—
综合考评	优秀(得分≥95分)	良好(95分>得分≥90分)	合格(90分>得分≥85分)		不合格(得分<85分)
评语					

任务二　蔬菜种子播前处理

一、学习目标

（一）知识目标

1. 掌握蔬菜种子的播前消毒要点。
2. 掌握蔬菜种子播前浸种的方法。
3. 知道蔬菜种子播前催芽的适宜环境条件。

（二）能力目标

1. 根据蔬菜种子的播前消毒要点，完成蔬菜种子的播前消毒。
2. 依据不同蔬菜种子发芽的水、气、温条件，完成蔬菜种子的浸种。
3. 利用适宜的温度、湿度及氧气浓度，完成蔬菜种子的催芽。

（三）素质目标

1. 在通过个人操作、小组合作完成蔬菜种子播前处理操作的过程中，培养学生遇到生产技术问题积极查找资料，有效进行团队的沟通、讨论、研究，进而解决问题并承担责任的职业素养。
2. 通过蔬菜种子播前处理的全过程操作，培养学生自主学习的职业能力。
3. 通过正确的生产操作以及反复进行的常规操作，培养学生严谨认真、精益求精的工作态度。
4. 通过主动学习相关的国家职业标准、企业标准以及各类证书的认证标准，培养学生遵守职业标准严格、操作规范安全、履行工作职责认真的思想和行为习惯。

二、基础知识

蔬菜种子播前处理包括种子消毒、浸种催芽。蔬菜种子的播前消毒能够杀灭种子表面的病原菌、虫卵，防止苗期出现病虫害，促进幼苗的生长发育，进而达到苗全、苗壮的目的。浸种催芽能够打破蔬菜的休眠状态，提高蔬菜种子的出芽率，进而达到苗齐、苗壮的目的。

（一）蔬菜种子播前消毒的方法

1. 蔬菜种子的化学药剂处理

该方法包括药剂拌种和药液浸种。这两种消毒方法在一定程度上可提高种子发芽率和幼苗成活率，并可防止土壤中的病原菌对种子或幼苗的侵蚀。处理过程中，药量和处理时间需要严格控制，若药量过多、处理时间过长，则会起到毒害作用；若药量过少、处理时间不够，则不能起到有效杀虫、杀菌的作用。

（1）药剂拌种法

这种方法会使蔬菜种子的表面带有一定量的药剂，常用的药剂为光谱性杀菌剂，药剂用量为种子量的0.2%～0.3%。药剂拌种对于预防蔬菜的立枯病、猝倒病以及豆科蔬菜的叶烧病都有效。拌种操作时，药粉需要均匀地沾在每粒种子上。为此，可将种子和药粉按所需比例同时放入带有盖的瓶或罐中，将瓶、罐盖严后摇动。经过药剂处理的种子可直接播种，也可进行浸种催芽处理后再播种。

(2)药液浸种法

这种方法是先将蔬菜种子用清水浸泡3～4 h(茄子5～6 h)，再用40%甲醛浸泡10～15 min，然后用清水投洗至没有气味为止。

2. 蔬菜种子的干热处理

对于用化学药剂处理较难取得效果的蔬菜种子，采用干热处理法效果较为明显。这种方法一般是指将干燥种子在70～80 ℃的高温下消毒2～5 d。进行蔬菜种子干热处理时，温度和时间必须严格掌握。同时，该方法只能用于充分干燥的种子，否则会对种子造成伤害。例如，用太阳晒种就属于干热处理。

3. 蔬菜种子的物理处理

诸如超声波、射线处理等物理方法，已经愈来愈广泛地应用于蔬菜种子的播前消毒。

(二)浸种催芽

1. 温汤浸种

温汤浸种是指用55 ℃的温水浸泡种子10～15 min(新种子10～15 min;陈种子5 min，不能超过10 min)。种皮薄的(如甘蓝、白菜)，可用45 ℃的温水;种皮厚的(如苦瓜)，可用50～60 ℃的温水。

浸种时，先把种子放在15 ℃的水中浸湿，接着加入热水，并使水温达到55 ℃，同时不断搅拌;在保持水温为55 ℃达10～15 min后，继续搅拌直至水温降到35 ℃为止。

2. 热水烫种

热水烫种是指用70～85 ℃的热水烫种子，用水量为种子体积的4～5倍。该方法适用于种皮厚而硬、透水困难的蔬菜种子，如丝瓜、苦瓜、韭菜等。需要注意的是，种子只有经过充分干燥方可采用此法。

热水烫种时要用两个容器，以使热水来回倾倒。最初几次的倾倒要快而猛，以使热气散发并提供氧气;当水温降到55 ℃时，可以改为不断搅拌，并保持这一温度7～8 min。其后操作同温汤浸种。

3. 一般浸种

一般浸种是指用20～25 ℃的水浸泡种子，用水量为种子体积的3～5倍。具体的浸种时间与蔬菜品种有关。

4. 催芽

所谓催芽，是指在保证种子吸足水分后，促使种子中的养分快速分解，以满足幼胚的生长需要。当有75%左右的种子破嘴或露根时，催芽即应停止，等待播种。在催芽过程中，采用高、低温交替的措施，可以保证种子出芽一致。

喜温蔬菜种子催芽的适宜温度为28～30 ℃，喜凉蔬菜种子催芽的适宜温度为20～25 ℃。至于催芽时间，白菜类蔬菜、黄瓜为48～72 h，莴苣为16 h，甜瓜、丝瓜为17～20 h，番茄为48～55 h，冬瓜为72 h左右，茄子、辣椒为4～6 d。

注意:催芽过程中要防止缺水或水分过多,缺水易造成籽干、芽干,水分过多易造成沤籽现象;种子萌动时,应停止搓洗、漂洗,以防止伤芽;芽长以小于0.5 cm为好;天晴时播种。

三、操作实施

(一)任务布置

1. 角色转变

全班学生分成4个小组,教师、学生进行角色转变。

(1)每个小组为一个生产单位。

(2)学生角色:公司的CEO、材料员、技术员、信息采集员、销售员、成本核算员。在每个生产单位中,每个学生所担任的职务都由该生产单位自行安排。

(3)教师为公司的老板。

2. 成绩记录

检查生产单位的任务完成情况时,以生产单位的操作进行评价;考核任务完成过程中个人的操作时,以个人的成绩进行记录。

3. 材料领取

本次任务所用材料由教师提供。各生产单位依据自己的生产目的选择材料的种类和数量,并进行成本核算。

4. 操作任务

根据所选择材料的种类和数量,各生产单位要完成不同蔬菜种子的播前处理。

(二)操作准备

种子类别:番茄、萝卜、菜豆、黄瓜、辣椒、茄子、秋葵、白菜、生菜、芫荽、菠菜、苦瓜、韭菜、大葱等。

仪器设备及药剂:量杯、玻璃棒、纱布、培养皿、恒温箱、温度计、镊子、烧杯、瓷盘、小刀、标签纸、40%甲醛等。

(三)操作规范

1. 蔬菜种子的消毒

观察与感觉种子的形状、色泽、气味,以及种皮的形态,如光洁度、沟、棱、毛刺、网纹、蜡质和凸起物等。

2. 蔬菜种子的浸种催芽

组织学生观看视频,学习蔬菜种子浸种催芽技术。

(四)操作记录

操作记录按表1-7的形式填写。

表 1－7　蔬菜种子浸种催芽情况记录表

供试种子数	浸种		浸种后出水的处理	催芽		发芽率/%	发芽势/%
	水温/℃	时间/h		温度/℃	时间/h		

(五)结果描述

结果描述分别按表 1－8、1－9、1－10 的形式记录。

表 1－8　部分蔬菜种子浸种催芽所需条件及发芽率和发芽势规定天数

蔬菜种类	浸种			催芽		发芽率规定天数/d	发芽势规定天数/d	其他条件
	消毒水温/℃	浸种水温/℃	浸种时间/h	温度/℃	时间/d			
芹菜	55	35	15～16	16～20	7～11	12	7	需光
甘蓝	45	28	5～6	20～24	2	5	3	—
茄子	50	30	14～15	24～30	4～6	10	6	—
辣椒	50	35	15～16	20～25	4～6	8	4	—
番茄	50	30	5～6	20～25	3～4	8	4	—
油菜	45	30	1～1.5	18～20	2	5	3	—
西葫芦	55	30	4～6	24～30	2～3	8	3	—
黄瓜	60	30	4～5	24～30	2～3	5	3	—

表 1－9　4 种蔬菜种子浸种催芽的适宜温度和时间

蔬菜种类	浸种水温/℃	浸种时间/h	催芽适温/℃
黄瓜	20～30	4～5	20～25
南瓜	20～30	6	20～25
冬瓜	25～35	24～48	25～30
丝瓜	25～35	24～48	25～30

表 1-10　主要蔬菜种子催芽所需时间(20～25 ℃)

蔬菜种类	催芽所需时间/h
豆类及甜瓜、黄瓜	40～60
茄果类及莴苣、南瓜	60～80
伞形科、百合科及西瓜	70～80

四、知识总结

1. 简述蔬菜种子播前处理的目的。

2. 简述蔬菜种子的播前消毒要点及浸种催芽的方法。

五、知识拓展

(一)知识链接

组织学生观看视频,学习蔬菜种子常用的播前处理方法。

(二)资料收集

除上述几种播前处理方法外,还有哪些对蔬菜种子进行处理的措施可起到提高发芽率、减轻病虫害的作用?请查阅有关资料加以说明。

六、任务拓展

1. 辣椒种子的药液浸种操作流程。

2. 南瓜种子的温汤浸种操作要点。

3. 莴苣种子的催芽操作流程。

七、任务考核

考核分为操作考核和综合考核。

(一)操作考核

操作考核按表1－11的内容进行,评定等级系数见表1－12。

表1－11　操作技能鉴定试题评分表

考生姓名:

试题名称		蔬菜种子播前处理			鉴定时限			25 min		
评价要素		配分	等级	评分细则	评定等级					得分
					A	B	C	D	E	
消毒	消毒方法	4	A	完全正确						
			B	基本正确(少1项或错1项)						
			C	部分错误(少3项或错3项)						
			D	部分正确(对1项)						
			E	差或未答题						

续表

试题名称		蔬菜种子播前处理			鉴定时限			25 min		
评价要素		配分	等级	评分细则	评定等级					得分
					A	B	C	D	E	
浸种	浸种方法	4	A	完全正确						
			B	错1项						
			C	错2项						
			D	差或未答题						
催芽	催芽条件	10	A	完全正确						
			B	基本正确						
			C	部分错误						
			D	与实际要求相差较大						
			E	差或未答题						
文明操作	操作是否熟练，场地是否清洁	2	A	操作熟练，场地清洁，工具整理到位						
			B	操作熟练，场地较清洁，工具整理基本到位						
			C	操作熟练，场地一般清洁，工具未全部整理到位						
			D	操作不熟练，场地脏乱，工具乱放						
			E	差或未答题						
合计配分		20	合计得分							

考评员（签名）：

表1－12　评定等级系数表

等级	A（优）	B（良）	C（及格）	D（较差）	E（差或未答题）
系数	1.0	0.8	0.6	0.2	0

注：评价要素得分＝配分×等级系数。

（二）综合考核

综合考核按表1－13进行。

表 1－13　项目教学评价表

<table>
<tr><td>学生姓名</td><td>日期</td><td colspan="3">课程项目名称</td><td>指导教师</td></tr>
<tr><td></td><td></td><td colspan="3"></td><td></td></tr>
<tr><td rowspan="6">课上评价
(50 分)</td><td>预习实验内容</td><td>遵守安全操作规程</td><td>实验产品质量、数量</td><td>学生操作过程中表现</td><td>实验操作</td></tr>
<tr><td rowspan="2">能认真预习实验内容(5 分)</td><td rowspan="2">符合操作规程(5 分)</td><td>质量很好，达到规定数量(12 分)</td><td>好(8 分)</td><td>操作规范、精确(20 分)</td></tr>
<tr><td>质量好，没有达到规定数量(8 分)</td><td>一般(3 分)</td><td>操作规范、正确(15 分)</td></tr>
<tr><td rowspan="2">没预习实验内容(0 分)</td><td rowspan="2">不符合操作规程(0 分)</td><td>质量一般，达到规定数量(4 分)</td><td>不好(0 分)</td><td>操作基本规范(12 分)</td></tr>
<tr><td>质量不好，数量不足(0 分)</td><td>—</td><td>操作不规范、偏差大(6 分)</td></tr>
<tr><td></td><td></td><td></td><td></td><td></td></tr>
<tr><td rowspan="6">课下评价
(50 分)</td><td>协助教师准备实验所用仪器设备、材料和药品等</td><td>完成生产调查表的书写、记录并汇报情况</td><td colspan="2">实验成果质量</td><td>保持仪器设备完好及实验场地整洁</td></tr>
<tr><td>积极主动协助(10 分)</td><td>积极提问，独立完成(10 分)</td><td colspan="2">实验成果质量很好，数量多(20 分)</td><td>实验结束后整理好场地，仪器设备完好(10 分)</td></tr>
<tr><td>主动协助(5 分)</td><td>独立完成(8 分)</td><td colspan="2">实验成果质量好，数量较多(15 分)</td><td>实验结束后不整理场地，或仪器设备有损坏(0 分)</td></tr>
<tr><td>被动协助(2 分)</td><td>抄袭别人(0 分)</td><td colspan="2">实验成果质量一般，数量少(12 分)</td><td>—</td></tr>
<tr><td>不协助(0 分)</td><td>—</td><td colspan="2">实验成果质量不好，数量不足或无(6 分)</td><td>—</td></tr>
<tr><td></td><td></td><td colspan="2"></td><td></td></tr>
<tr><td rowspan="2">综合考评</td><td>优秀
(得分≥95 分)</td><td>良好(95 分 > 得分≥90 分)</td><td colspan="2">合格(90 分 > 得分≥85 分)</td><td>不合格
(得分 < 85 分)</td></tr>
<tr><td></td><td></td><td colspan="2"></td><td></td></tr>
<tr><td>评语</td><td colspan="5"></td></tr>
</table>

任务三　床土配制与消毒

一、学习目标

(一)知识目标

1. 知道优良床土应具备的条件以及床土的来源。
2. 掌握苗床的不同种类以及床土的配制比例。
3. 了解床土配制的工艺流程。
4. 掌握床土的物理消毒、化学消毒方法。

(二)能力目标

1. 根据蔬菜作物的生理特性,完成床土的选择和配制。
2. 依据不同蔬菜的播种育苗要求,完成床土的消毒。

(三)素质目标

1. 在生产操作过程中,培养学生遇到生产技术问题积极查找资料,有效进行团队的沟通、讨论、研究,进而解决问题并承担责任的职业素养。
2. 在生产操作过程中,培养学生对于种子、农药、化肥、床土等耗材进行成本核算的管理意识。
3. 在通过团队合作完成操作的过程中,培养学生遇到特殊情况沉着冷静应对的职业素质。
4. 通过正确的生产操作以及反复进行的常规操作,培养学生严谨认真、精益求精的工作态度。

二、基础知识

(一)床土配制

床土也称营养土,是指根据幼苗生长发育的需要将田土、有机肥、河沙等按一定比例人工配制并混合而成的土壤。营养土是适合幼苗生长的肥沃土壤,能给幼苗提供生长发育所需的水分、营养和空气。幼苗生长发育得好坏与床土质量的高低有着密切的关系。

1. 优良床土应具备的条件

(1)富含有机质和可给态营养元素,并且有机质含量一般不少于30%。

(2)疏松透气,有良好的保水、保肥性能。

(3)所含营养元素全面,除含有氮、磷、钾、钙、镁等大量元素外,还含有多种微量元素,并且各元素的构成比例比较协调。其中,全氮含量为0.5%~1.0%,速效氮含量为60~100 mg/kg,速效磷含量为100~150 mg/kg,速效钾含量大于100 mg/kg。

(4)pH值一般为6.5~7.0。

(5)物理性状良好,浇水不板结,缺水不干裂,总孔隙度在60%左右。

(6)无病原菌、草籽和虫卵等。

(7)有利于提高苗床的土温。这对冬春季的设施育苗具有重要意义。

(8)有很好的保水性。若床土的保水性差,则苗期的浇水次数便会增多,容易引起降温(冬春季)、肥料流失以及病害的发生和蔓延。

2.床土的来源

床土应选择新土且土质要好,其来源一般有以下几种:

(1)自然土壤

所谓自然土壤,是指直接从乔木、灌木林的地面收集而来的多年的冲积土(草皮土也可)。这类土壤中有落叶和腐殖质等,因此经筛选和灭菌杀虫后是很好的育苗床土。此外,也可给其加入适量的禽畜粪及人粪尿,这样经堆积发酵后,使用效果会更好。

(2)多年耕种的园地土

这是指将多年耕种的园地土疏松的表土经筛选后作为床土。若土壤较为黏重,则可掺和适量的河沙、炉灰、杂草,堆积处理后使用。使用前,床土可按20(土壤)∶1(禽畜粪)∶1(人粪尿)的比例(体积比,下同)拌匀,再进行封闭发酵处理。

(3)垃圾土

所谓垃圾土,是指由尘土、动物的刺骨、瓜果的皮核以及菜叶等组成经堆积腐熟后筛选使用的床土。

(4)炉灰及草炭土

炉灰及草炭土是指将两者混合后过筛而形成的床土。若其太松散,则可适当加入壤土,以提高其保水性。这类床土所含营养成分较少,因此需要加入有机肥料并进行堆积处理。

(5)全营养培植土

所谓全营养培植土,是指将糠壳或锯末同壤土和禽畜粪干按5∶5∶1的比例(糠壳或锯末∶壤土∶禽畜粪干)进行混合,经堆积发酵而形成的床土。

3.床土的成分

床土一般由田土、有机肥、河沙等组成,其配制比例大体为:田土∶有机肥=1∶1~2∶1(体积比)。若田土质地较黏重,则可掺一些河沙,并将所有材料过筛后再按体积比进行配制。具体配制比例还要根据苗床的种类及蔬菜的种类等而定,即苗床、蔬菜的种类不同,床土的配制比例也不同。

(1)播种床土

播种床土需要特别疏松、通透,而对肥沃程度的要求则不高,其配制比例为:6(田土)∶4(腐熟有机肥)。若土壤偏黏,则应掺入适量的细沙或炉灰。此外,每立方米播种床土应施加化肥0.5~1.0 kg。播种床土的厚度约为10 cm。

(2)移植床土

移植床土应具有一定的黏性,其配制比例为:7(田土)∶3(腐熟有机肥)。此外,每立方米移植床土应施加化肥1.0~1.5 kg。移植床土的厚度为12~15 cm。

4.床土的配制方法

(1)人工配制

将用于配制床土的田土、垃圾等捣碎过筛,以清除石块等杂物,并使颗粒控制在一定的大小;根据所需要的床土数量，按上述配制比例将各种成分混拌均匀，并浇上一定量的人粪尿，然后堆积起来；用塑料薄膜将床土盖好，以防止雨淋。

(2)就地配制

由于用于大批量播种或移植的苗床面积较大，床土用量较多，因此为了方便，可就地利用苗床基地的表土作为床土。首先，将表土深翻并经日晒后再耙碎，但不必过于细碎，以利于通气和排水；其次，每10 m^2施加腐熟人粪尿25 kg，腐熟堆肥、厩肥、糠灰等50～80 kg，磷肥、复合肥各0.6 kg，然后翻倒1～2遍，使得肥料与表土掺匀；最后，在表面再铺一薄层疏松的面土(以糠灰为主，掺部分细土)，以防止床土板结。

(二)床土消毒

床土消毒是指利用物理、化学等方法对育苗用的床土进行消毒处理。床土消毒是育苗过程中一个非常重要和常见的技术环节，是预防和减少病虫害的有效措施，可起到保障蔬菜作物高产优质的作用。

1. 物理消毒

(1)蒸汽消毒

该消毒方法包括地表覆膜蒸汽消毒法、管道蒸汽消毒法、负压蒸汽消毒法和冷蒸汽消毒法4种形式。蒸汽消毒主要是利用高温蒸汽对育苗床土进行消毒，它可以既杀死病原菌又保护有益菌。

(2)高温发酵灭菌

该方法是指将没有发酵的育苗床土堆成土堆，并在堆顶留口，再从堆顶口倒入腐熟有机肥及适量石灰，灌水后用塑料薄膜盖严，利用阳光照射产生的高温而发酵，从而达到杀虫灭菌目的的消毒方法。

(3)冷冻灭菌

此种方法需在寒冷的冬季进行，是指将床土进行3～5次反复的“结冻—解冻”处理，从而起到灭草、灭虫卵作用的消毒方法。

2. 化学消毒

所谓化学消毒，就是用化学药剂对床土进行的消毒，常用的药剂有40%甲醛、50%多菌灵、65%代森锌等。常用的化学消毒方法有以下几种：

(1)甲醛消毒

每立方米床土，用40%甲醛200～300 ml加水25～30 kg喷洒后，再用塑料薄膜密封，5～7 d后撤膜。床土需要等到药味完全挥发后才能使用。

(2)溴甲烷消毒

采用这种消毒方法时，溴甲烷的用量为15～45 g/m^3。消毒前需先耕地，然后在苗床地面铺上一根管壁上开有小孔的塑料施药管(可利用原有的滴灌管道)；盖上塑料薄膜，并将薄膜四周封闭；用特制的施入器将溴甲烷通过施药管施入床土中；密封3～5 d后，打开塑料薄膜；让床土暴露于空气中4～5 d，待溴甲烷全部挥发后再播种。

(3)代森锌消毒

将每立方米床土用65%代森锌粉剂60 g混匀，再用塑料薄膜覆盖，2～3 d后撤膜。床土需待药味完全挥发后才能使用。

(4)多菌灵消毒

将50%多菌灵可湿性粉剂稀释400倍后，喷洒在待用床土上；再把床土混拌均匀，并用薄膜盖严；密封3～5 d后，打开薄膜；床土暴露4～5 d，待药味散完后才可使用。

(5)甲基托布津消毒

将50%甲基托布津以1∶100的比例与细土混匀，制成药土；播种前，将药土撒入苗床。此法除可预防苗期病虫害外，还可预防枯萎病和姜瘟病。

(6)敌克松消毒

将95%敌克松可湿性粉剂5 g与10 kg细土混匀，制成药土；播种前，将药土撒入苗床。此外，也可将95%敌克松可湿性粉剂稀释200～400倍后，喷洒在苗床上。

(7)代森铵消毒

将50%代森铵稀释300～400倍后，按每平方米苗床3～5 kg的用量浇在床土表面。

(8)硫酸亚铁消毒

采用3%硫酸亚铁溶液消毒床土时，每平方米苗床的用药量为0.5 kg。

三、操作实施

(一)任务布置

1. 角色转变

全班学生分成4个小组，教师、学生进行角色转变。

(1)每个小组为一个生产单位。

(2)学生角色：公司CEO、材料员、技术员、信息采集员、销售员、成本核算员。在每个生产单位中，每个学生所担任的职务都由该生产单位自行安排。

(3)教师为公司的老板。

2. 成绩记录

检查生产单位的任务完成情况时，以生产单位的操作进行评价；考核任务完成过程中个人的操作时，以个人的成绩进行记录。

3. 材料领取

本次任务所用材料由教师提供。各生产单位依据生产目的选择材料的种类和数量，并进行成本核算。

4. 操作任务

根据蔬菜育苗床的类型，完成床土的配制和消毒。

(二)操作准备

材料：园土、草炭土、蛭石、珍珠岩、腐熟有机肥、无机肥、药剂(甲醛、多菌灵、五氯硝基苯等)。

仪器设备：园艺铲子、铁锹、筛子、喷壶、天平、玻璃棒、烧杯、四齿耙、塑料薄膜等。

(三)操作规范

1. 床土配制

(1)将床土基质材料粉碎、过筛。

(2)根据育苗床的类型选择育苗床土的配制比例,并将基质材料混拌均匀。

(3)为营养土浇水,使其保持一定的湿度,即把营养土装入营养钵后,营养土不会从容器的排水孔漏出,且营养土达到"握之成团,颠之即散"的状态。

(4)向床土中加入适量的草炭土和蛭石(比例为2:1),并用铁锹混匀。

注意:混拌营养土的场所应保持清洁。若使用机械设备混拌营养土,则在使用前需用2.0%甲醛对设备进行消毒。

2. 床土消毒

(1)按药剂的消毒用量将药剂配成水溶液,然后均匀地喷在需要消毒的床土上;将床土与消毒药液拌匀后,用塑料薄膜严密覆盖。

(2)将配制好的床土摊开,并在太阳下进行暴晒,同时经常翻动,使其均匀受热;中午过后,要趁热将床土堆积,并用塑料薄膜盖严。

(四)操作记录

操作记录按表1-14的形式填写。

表1-14 床土消毒方法比较表

床土类型	消毒方法	操作要点	注意事项	备注

(五)结果描述

结果描述按表1-15、1-16的形式记录。

表 1－15 几种主要蔬菜育苗时的床土配制比例

蔬菜种类	田土或葱蒜茬园土或草炭土/份	腐熟有机肥/份	河沙或炉灰/份
番茄、辣椒	5	4	1
茄子	6	3	1
瓜类	4	5	1
叶菜类	3	3	2

表 1－16 蔬菜床土的常用配制比例

<table>
<tr><th colspan="2">床土用途</th><th>田土/份</th><th>腐熟有机肥或草炭土/份</th><th>河沙或炉灰/份</th></tr>
<tr><td rowspan="2">播种</td><td>通用</td><td>2</td><td>3</td><td>—</td></tr>
<tr><td>通用</td><td>2</td><td>2</td><td>1</td></tr>
<tr><td rowspan="4">移植</td><td>通用</td><td>4</td><td>5</td><td>1</td></tr>
<tr><td>茄子</td><td>6</td><td>3</td><td>1</td></tr>
<tr><td>番茄、辣椒</td><td>5</td><td>4</td><td>1</td></tr>
<tr><td>叶菜类</td><td>5</td><td>3</td><td>2</td></tr>
</table>

四、知识总结

（一）蒸汽消毒的温度与时间

蒸汽消毒的温度与时间因消毒对象不同而存在差异。多数土壤中的病原菌，用 60 ℃的蒸汽消毒 30 min 即可杀死；大多数的杂草种子，需用 80 ℃左右的蒸汽消毒 10 min 才可杀死；烟草花叶病等的病毒，则需用 90 ℃的蒸汽消毒 10 min 方可杀死。以上处理方法在完成有害物质处理的同时，也将有益微生物杀死了。鉴于此，为达到既杀死土壤中的有害病原菌，又保留有益微生物的消毒目的，常采用床土的湿度为 35%～45%，温度为 82.2 ℃，消毒时间为 30 min 的处理方法。

（二）陈旧床土的消毒

对于陈旧床土，其消毒处理需要选择以下任一方法进行。

1. 在播种前 3～4 周，将床土耙松，深度为 6 cm；每平方米苗床喷洒 40% 甲醛药液 2 kg；用塑料薄膜或麻袋将苗床覆盖并密封 2 周，其间每隔 2 d 翻倒 1 次，共翻倒 2～3 次。床土需晾晒 1～2 周后方能使用。

2. 用 50% 多菌灵或 95% 敌克松或 50% 甲基托布津进行消毒，每平方米床土的用药量为 8～10 g。若苗期的病害以立枯病为主，则可使用 75% 五氯硝基苯或等量的五氯硝基苯与 50% 福美双的混剂进行消毒；若以灰霉病为主，则可使用 50% 速克灵进行消毒，其用量同前。上述药剂在使用前加潮湿细土 10～15 kg 拌匀，取 1/2 撒于床面做垫土或施于耕作层中，播种后取剩余 1/2 药土覆盖。

五、知识拓展

（一）知识链接

组织学生观看视频，学习床土的配制技术。

（二）资料收集

由于草炭土中含有丰富的有机质和营养元素，性状又基本符合床土标准，因此是育苗床土的理想选择。目前，草炭土已成为极具价值的商品，形成了规模化、工厂化生产。请分析一下这种态势对园艺产业有哪些影响。

六、任务拓展

（一）完成智能温室土壤的更新改良

20 世纪 80 年代，某农业科学院建造了一栋现代化的集生产、观光于一体的智能温室。但随着设施蔬菜生产年限的积累，温室内生产用土壤的养分已经耗尽，并且土传病虫害极其严重，而与此同时，这栋智能温室的其他配套设施却几经更新，在国内仍处于先进水平。基于此，为了进一步延长该智能温室的使用寿命，须对温室内的土壤进行更新改良，请制定该栋智能温室土壤的更新改良方案。

（二）操作规程制定

在床土的配制及消毒等实际操作中，曾出现过一些操作不当引起的工作人员轻微中毒或受伤的事故。因此，为了加强对员工的保护以及避免公司受损失，请制定一份关于床土配制与消毒的安全操作规程。

七、任务考核

考核分为操作考核和综合考核。

（一）操作考核

操作考核按表 1 – 17 的内容进行，评定等级系数见表 1 – 18。

表 1-17　操作技能鉴定试题评分表

考生姓名：

试题名称		床土配制及消毒			鉴定时限		25 min			
评价要素		配分	等级	评分细则	评定等级					得分
					A	B	C	D	E	
配制	苗床类型、配方选择	4	A	完全正确						
			B	基本正确(少 1 项或错 1 项)						
			C	部分错误(少 3 项或错 3 项)						
			D	部分正确(对 1 项)						
			E	差或未答题						
物理消毒	消毒要点	4	A	完全正确						
			B	错 1 项						
			C	错 2 项						
			D	错 3 项						
			E	差或未答题						
化学消毒	化学药剂选择、浓度确定	10	A	完全正确						
			B	基本正确						
			C	部分错误						
			D	与实际要求相差较大						
			E	差或未答题						
文明操作	操作是否熟练，场地是否清洁	2	A	操作熟练，场地清洁，工具整理到位						
			B	操作熟练，场地较清洁，工具整理基本到位						
			C	操作熟练，场地一般清洁，工具未全部整理到位						
			D	操作不熟练，场地脏乱，工具乱放						
			E	差或未答题						
合计配分		20	合计得分							

考评员(签名)：

表 1-18　评定等级系数表

等级	A(优)	B(良)	C(及格)	D(较差)	E(差或未答题)
系数	1.0	0.8	0.6	0.2	0

注：评价要素得分 = 配分 × 等级系数。

(二)综合考核

综合考核按表 1-19 进行。

表 1-19 项目教学评价表

<table>
<tr><td>学生姓名</td><td>日期</td><td colspan="3">课程项目名称</td><td>指导教师</td></tr>
<tr><td></td><td></td><td colspan="3"></td><td></td></tr>
<tr><td rowspan="6">课上评价(50分)</td><td>预习实验内容</td><td>遵守安全操作规程</td><td>实验产品质量、数量</td><td>学生操作过程中表现</td><td>实验操作</td></tr>
<tr><td rowspan="2">能认真预习实验内容(5分)</td><td rowspan="2">符合操作规程(5分)</td><td>质量很好,达到规定数量(12分)</td><td>好(8分)</td><td>操作规范、精确(20分)</td></tr>
<tr><td>质量好,没有达到规定数量(8分)</td><td>一般(3分)</td><td>操作规范、正确(15分)</td></tr>
<tr><td rowspan="2">没预习实验内容(0分)</td><td rowspan="2">不符合操作规程(0分)</td><td>质量一般,达到规定数量(4分)</td><td>不好(0分)</td><td>操作基本规范(12分)</td></tr>
<tr><td>质量不好,数量不足(0分)</td><td>—</td><td>操作不规范、偏差大(6分)</td></tr>
<tr><td></td><td></td><td></td><td></td><td></td></tr>
<tr><td rowspan="6">课下评价(50分)</td><td>协助教师准备实验所用仪器设备、材料和药品等</td><td>完成生产调查表的书写、记录并汇报情况</td><td colspan="2">实验成果质量</td><td>保持仪器设备完好及实验场地整洁</td></tr>
<tr><td>积极主动协助(10分)</td><td>积极提问,独立完成(10分)</td><td colspan="2">实验成果质量很好,数量多(20分)</td><td>实验结束后整理好场地,仪器设备完好(10分)</td></tr>
<tr><td>主动协助(5分)</td><td>独立完成(8分)</td><td colspan="2">实验成果质量好,数量较多(15分)</td><td>实验结束后不整理场地,或仪器设备有损坏(0分)</td></tr>
<tr><td>被动协助(2分)</td><td>抄袭别人(0分)</td><td colspan="2">实验成果质量一般,数量少(12分)</td><td>—</td></tr>
<tr><td>不协助(0分)</td><td>—</td><td colspan="2">实验成果质量不好,数量不足或无(6分)</td><td>—</td></tr>
<tr><td></td><td></td><td colspan="2"></td><td></td></tr>
<tr><td rowspan="2">综合考评</td><td>优秀(得分≥95分)</td><td>良好(95分>得分≥90分)</td><td colspan="2">合格(90分>得分≥85分)</td><td>不合格(得分<85分)</td></tr>
<tr><td></td><td></td><td colspan="2"></td><td></td></tr>
<tr><td>评语</td><td colspan="5"></td></tr>
</table>

任务四　蔬菜播种

一、学习目标

(一)知识目标

1. 明确蔬菜播种期的影响因素。
2. 了解播种量、苗床面积的计算公式。
3. 知道苗床的制作方法。
4. 了解育苗容器的类型、规格。
5. 掌握蔬菜播种的操作方式和方法。
6. 掌握蔬菜播种的浇水、覆盖要点。

(二)能力目标

1. 根据蔬菜种类、定植期以及育苗设施、当地气候等条件,完成蔬菜播种期的确定。
2. 依据生产条件,完成播种量、播种苗床面积、移植苗床面积的确定。
3. 根据育苗的需要,完成苗床的制作和平整。
4. 依据种子的大小、育苗的要求,完成育苗容器的选择。
5. 按照蔬菜种子的大小,完成蔬菜的播种。
6. 根据环境条件,完成蔬菜种子播种后的浇水和覆盖。

(三)素质目标

1. 在生产操作过程中,培养学生遇到生产技术问题积极查找资料,有效进行团队的沟通、讨论、研究,进而解决问题并承担责任的职业素养。
2. 在生产操作过程中,培养学生对于种子、农药、化肥、床土等耗材进行成本核算的管理意识。
3. 在通过团队合作完成操作的过程中,培养学生遇到特殊情况沉着冷静应对的职业素质。
4. 通过正确的生产操作以及反复进行的常规操作,培养学生严谨认真、精益求精的工作态度。

二、基础知识

(一)播种期确定

蔬菜的播种期根据蔬菜种类、定植期以及育苗设施、当地气候等条件来确定,一般依据定植期并以某种蔬菜的育苗期为基准向前推算。定植期主要由当地的终霜期来确定,一般晚霜过后的2~3 d为定植期。

确定播种期的方法:知道蔬菜的日历苗龄,结合当地的气象资料了解当地的终霜期,由终霜期来确定定植期,再由定植期往前推算并加上苗龄日数,所得日期就是该品种蔬菜在当地的适宜播种期。

(二)播种量和苗床面积

1. 播种量

播种前,应根据蔬菜栽培面积所需秧苗数确定播种量和苗床面积。实际播种量按下列公式计算:

$$667\ \text{m}^2\text{播种量(g)} = \frac{667\ \text{m}^2\ \text{需苗数}}{\text{每克种子粒数} \times \text{种子纯度} \times \text{发芽率}} \times \text{安全系数}$$

其中,安全系数一般为1.5~3.0。

2. 播种苗床面积

播种苗床面积应根据需苗数和蔬菜种类来确定。比如,中小粒种子类蔬菜(茄果类、叶菜类等)一般用撒播法播种,按每平方厘米苗床3~4粒种子分布密度计算。

$$\text{播种苗床面积}(\text{m}^2) = \frac{\text{播种量(g)} \times \text{每克种子粒数} \times \text{每粒种子所占苗床面积}(\text{cm}^2)}{10\ 000}$$

3. 移植苗床面积

移植苗床面积按分苗时的秧苗营养面积来确定。例如,茄果类蔬菜的营养面积一般为8~10 cm×8~10 cm,叶菜类为5~8 cm×5~8 cm。移植苗床面积可用下式计算:

$$\text{移植苗床面积}(\text{m}^2) = \frac{\text{分苗总数} \times \text{秧苗营养面积}(\text{cm}^2)}{10\ 000}$$

(三)育苗容器

通常育苗畦的尺寸为:高10~15 cm,宽1.0~1.2 m。根据育苗用土类型的不同,育苗可分为畦上育苗和育苗土育苗两种。畦土育苗的苗床直接采用的是普通的畦土筑高畦,因为畦土的理化性状较差,病原菌含量较多,所以该类苗床是一种传统的育苗用畦。育苗土育苗的苗床采用的是育苗营养土筑高畦,由于育苗土是根据不同蔬菜育苗时所需营养的不同而人为配制的理想育苗用土,因此该类苗床的育苗效果较好。

1. 育苗筒

育苗筒是用纸、塑料等制成的筒状育苗容器,其直径通常为8~10 cm。育苗筒内装上营养土后可直接放在地面上。由于筒内的水分较容易控制,并且通透性好,因此采用育苗筒育苗有利于幼苗的生长。但是,秧苗的根系常常会扎入筒下的土中,因此移动育苗筒时易导致伤根。

2. 营养钵

营养钵大多用聚乙烯、聚氯乙烯等制成,呈圆形,为黑色或透明。一般规格为:高8 cm,直径10 cm。

3. 育苗盘

育苗盘用于工厂化育苗,分为盘内有分格和无分格两种,盘底存在有漏水孔和无漏水孔之别。对于盘内有分格的育苗盘来说,其在使用时每盘的格数必须与精播机配套。育苗盘多用聚乙烯、聚氯乙烯等制成,盘底有孔的育苗盘分为32孔、50孔、72孔、128孔、288孔等几种。

4. 纸钵

纸钵是指以瓶底为模子,将旧书页、旧报纸、旧杂志页等折叠成的有底的钵。用纸钵装土育苗,可以节约成本。

(四)播种技术

1. 播种方法

蔬菜的播种方法分为撒播、条播和穴播3种。

(1)撒播

撒播是指在平整好的畦面上均匀地撒上种子,然后覆土镇压的播种方法。撒播一般用于生长期短、营养面积小的速生蔬菜的播种以及育苗。

撒播时,可先用湿润土或河沙将种子拌匀,以保证种子分布均匀;播种后,向苗床上撒覆一层细土,再在苗床上覆盖一层塑料薄膜(出苗率为50%后撤掉);出苗后,再向苗床上撒一层细土,以弥合床土在出苗过程中产生的裂缝,达到保温、保湿的目的。撒播的优点是植株密度大,土地利用面积增加,单产高;缺点是种子用量大,不利于机械化作业,管理成本高。同时,撒播对土壤的质地、畦地的整理、撒种的技术、覆土的厚度等都有比较严格的要求。

(2)条播

条播是指将苗床按一定行距开沟后再进行播种,然后覆土镇压的播种方法。条播适合于机械化播种操作。生长期长、营养面积较大的蔬菜,如大白菜、萝卜等,以及中粒种子的蔬菜一般都采用条播方法播种。

(3)点播

点播(也称穴播)是指将苗床按一定株距、行距开穴后再进行播种,然后覆土镇压的播种方法。生长期较长的大型蔬菜、大粒种子的蔬菜,以及需要丛植的蔬菜大都采用点播方法进行播种,如黄瓜、苦瓜、菜豆等。在不良条件下,采用点播方法播种蔬菜,可以做到苗全、苗旺,如炎热干旱时,给苗床浇水后再进行点播作业,可以取得保墒、保证出苗的效果。点播具有营养面积均衡、种子利用率高、出苗率高、管理方便等优点。

2. 播种方式

蔬菜的播种方式有干播和湿播两种。

(1)干播

所谓干播,是指先用撒播、条播或点播方法进行播种,再盖土并浇透底水,然后覆膜的播种方式。干播可使种子与土壤紧密结合,从而有利于种子吸水,因此适合于湿润多雨季节,以及土壤墒情好、保水力强的情况下采用。

(2)湿播

所谓湿播,是指播种之前先将苗床浇透底水,待水渗下后,再采用撒播、条播或点播方法进行播种,然后盖土、覆膜的播种方式。

3. 播种密度

控制播种密度的原则是:在进行蔬菜的移苗或定植时,要保证秧苗有足够的生长空间,即相互之间不拥挤。比如,就每平方米的播种量来说,茄果类蔬菜一般为10~20 g,瓜类为50~60 g,十字花科为15~30 g。至于具体的播种密度,则要根据蔬菜的种类和移苗的时间做适当的调整,一般为:大苗稀,小苗密;从播种到移苗时间长的稀,时间短的密;秧苗叶子大、开展度大的稀,叶子小、开展度小的密。

4. 播种深度

播种深度即覆土厚度,一般为种子直径的3~5倍。

5. 播种注意事项

播种一定要选择天气晴好时进行,并保证播种后有4~5个晴天。这样秧苗出土前苗床内能保持25~30 ℃的高温,从而易保证苗齐、苗壮。播种前苗床应浇足底水,尤其是冷床更应注意。底水是秧苗正常出土和苗壮生长的关键。底水的量应能保证秧苗出齐之前的水分需要,中途不再浇水。浇底水后,苗床面要再覆一层细土,将浇底水时的凹坑填平。

三、操作实施

(一)任务布置

1. 角色转变

全班学生分成4个小组,教师、学生进行角色转变。

(1)每个小组为一个生产单位。

(2)学生角色:公司CEO、材料员、技术员、信息采集员、销售员、成本核算员。在每个生产单位中,每个学生所担任的职务都由该生产单位自行安排。

(3)教师为公司的老板。

2. 成绩记录

检查生产单位的任务完成情况时,以生产单位的操作进行评价;考核任务完成过程中个人的操作时,以个人的成绩进行记录。

3. 材料领取

本次任务所用材料由教师提供。各生产单位依据生产目的选择材料的种类和数量,并进行成本核算。

4. 操作任务

根据设施蔬菜的生产目的,完成蔬菜的播种、浇水以及覆土、覆膜。

(二)操作准备

材料设备:播种设施、种子、床土、喷壶、育苗盘或营养钵、塑料薄膜或无纺布、园艺铲子、铁锹、剪刀、记号笔、插地牌等。

(三)操作规范

1. 床土配制

(1)将床土基质材料粉碎、过筛。

(2)根据育苗床的类型选择床土的配制比例,并将基质材料混拌均匀。

(3)向床土中加入适量草炭土和蛭石(比例为2:1),并用铁锹拌匀。

注意:混拌营养土的场所应保持清洁。若采用机械设备混拌营养土,则在使用前需用2.0%甲醛对设备进行消毒。

2. 床土消毒

(1)按药剂的消毒用量将药剂配成水溶液,然后均匀地喷在需要消毒的床土上;将床土与消毒药液拌匀后,用塑料薄膜严密覆盖。

(2)将配制好的床土摊开,并在太阳下进行暴晒,同时经常翻动,使其均匀受热;中午过后,要趁热将床土堆积,并用塑料薄膜盖严。

3. 床土平整

用于摆放育苗盘或营养钵的畦,或者直接放育苗土的畦需与地面持平或稍高于地面。

(1)平整地面

将摆放苗床的地面整平并适当压实,以免浇水后出现低洼地积水现象而不利于育苗期管理。

(2)平整畦面

按照苗床畦面的宽度、高度要求,将配制好的床土撒入苗床;在平整好的地面上,用铁锹、耙子把苗床畦面整平,四边要拍紧、拍实。

4. 播种的技术环节

(1)平整完的床面可直接播种,或者将播种后的育苗盘、营养钵等摆放在上面。

(2)浇足底水。底水的浇透深度为6~8 cm,以育苗盘、营养钵中的水渗下后床土表面不存水为标准。

(3)撒药土。底水渗下后,要在苗床上薄薄地撒一层药土,该土称为翻身土。

(4)播种。依据蔬菜的种类及种子的大小等,采用撒播、条播、点播方法均匀地进行播种操作。

(5)覆土。播种后,均匀地覆盖一层药土或营养土,厚度为种子直径的3~5倍。

(6)再平整床面,并覆盖地膜(待幼苗顶土时,及时揭去)。

(7)扣严棚布。夜间要加盖草苫子或棉被,以保持温度、湿度。等待出苗。

(四)操作记录

操作情况分别按表1-20、1-21、1-22、1-23、1-24的形式记录。

表 1－20 ________幼苗生长情况记录表

记录时间	出苗情况				正常生长情况								异常生长情况		备注
	播种	露尖	出土	90%	茎粗	茎高	子叶			真叶			发病症状	发病部位	
							数量	颜色	大小	数量	颜色	大小			

（五）结果描述

表 1－21 几种主要蔬菜的夏秋播种期

蔬菜名称	播种期	定植期	采收期	蔬菜名称	播种期	定植期	采收期
夏大白菜	5～6 月	15～20 d 苗龄	6 月下旬～8 月	秋甘蓝	6～8 月	8～9 月	10～次年 1 月
紫菜苔	8～10 月	9～11 月	10～次年 2 月	芥蓝	6 月下旬～8 月上旬	7 月下旬～9 月	11～次年 1 月
雪里蕻	8 月下旬～10 月	9～11 月	10～次年 3 月	春甘蓝	10～11 月	12～1 月	3～5 月
夏甘蓝	5～6 月	6～7 月	7 月下旬～8 月	胡萝卜	7～8 月上旬	8～12 d 苗龄	10～次年 1 月
秋花椰菜	6 月上旬～7 月上旬	6 月下旬～7 月下旬	按生长期长短	秋辣椒	7 月 20 号左右	8 月底左右	11～次年 1 月
秋莴笋	8～9 月	9～10 月	11～次年 1 月	洋葱	9 月	3 月	5～6 月
秋芹菜	5～8 月	7～10 月	8～次年 1 月	大葱	9～10 月	3 月	5～次年 2 月
榨菜	7～9 月	8～9 月	11～次年 3 月	—	—	—	—

表 1－22　蔬菜育苗的苗龄及育苗期

蔬菜名称	栽培方式	苗龄	育苗期/d
番茄	日光温室早熟栽培	8～9 片叶，现大蕾，苗干重 1.5 g 左右	70～75
	大棚早熟栽培	8～9 片叶，现大蕾，苗干重 1.5 g 左右	60～70
	露地早熟栽培	8～9 片叶，现大蕾，苗干重 1.5 g 左右	60
辣椒	大棚早熟栽培	12～14 片叶，现大蕾，苗干重 0.6 g 左右	80～90
	露地早熟栽培	9～12 片叶，现大蕾，苗干重 0.5 g 左右	70～75
茄子	日光温室早熟栽培	9～10 片叶，现大蕾	100～120
	露地早熟栽培	8～9 片叶，现大蕾，苗干重 1.2 g 左右	70～80
黄瓜	日光温室早熟栽培	5 片叶左右，见雌花瓜纽	40～50
	大棚早熟栽培	5 片叶左右，见雌花瓜纽	40～50
	露地早熟栽培	3～4 片叶	30～35
西葫芦	小拱棚栽培	5～6 片叶	40
	露地早熟栽培	5 片叶	35～40
冬瓜	露地早熟栽培	3～4 片叶	30～35
甜瓜	露地早熟栽培	4 片叶	35～40
西瓜	露地早熟栽培	3～4 片叶	35～40
结球甘蓝	露地早熟栽培	6～8 片叶	60～65
洋葱	露地栽培	3 片叶，高 20～25 cm	65
大葱	露地栽培	高 35～40 cm，假茎粗 1～1.5 cm	250(越冬苗)
韭菜	露地栽培	5～6 片叶，高 18～20 cm	60

表 1－23　几种主要蔬菜的播种量及苗床计算表

蔬菜种类	每 667 m^2 播种量/g	每床播种量/g	播种 1 床可分苗床数/个	每 667 m^2 需苗床数/个
番茄	50～70	100～150	5～7	2～3
辣椒	100～150	150～200	4～5	2～3
茄子	70～100	100～150	5～6	1～2
甘蓝	50～60	70～80	5～6	2～3
花椰菜	50～60	70～80	5～6	2～3
黄瓜	130～150	60～70	—	2～2.5
西葫芦	250～350	150～200	—	2～2.5
冬瓜	100～150	100	—	1～2

表 1-24　几种主要蔬菜的播种期

蔬菜种类	大棚早熟栽培		大棚秋延后栽培	
	东北北部及内蒙古北部	东北南部、华北及西北地区	东北中南部	华北及西北地区
番茄	2月上旬	1月上中旬	7月中旬	7月上中旬
黄瓜	2月下旬~3月上旬	1月中下旬~2月上旬	7月上中旬	7月中下旬
茄子	2月上中旬	12月下旬	—	—
辣椒	2月上中旬	12月下旬	—	—

四、知识总结

1. 蔬菜工厂化育苗播种操作流程。

2. 蔬菜工厂化穴盘育苗技术。

五、知识拓展

(一)知识链接

组织学生观看视频,学习蔬菜精量播种技术。

(二)资料收集

近20年来,我国的设施蔬菜生产面积达到了园艺生产面积的90%以上,占世界设施蔬菜生产面积的80%以上。我国的设施蔬菜生产占世界20%的土地,提供了40%的产量,创造了60%的产值。由此可知,设施蔬菜生产在我国一些特定地区已成为农业生产的主要支柱。我国是世界设施蔬菜生产的第一大国,但却不是强国,整体发展水平与发达国家尚有较大差距。试分析一下我国设施蔬菜生产与发达国家的差距主要体现在哪些方面。

六、任务拓展

1. 辣椒的干播、湿播操作。

2. 越冬菠菜的播种。

3. 冬春茬番茄播种期的确定。

4. 早春大棚黄瓜育苗。

每栋大棚的面积为 667 m^2，共 5 栋。请计算黄瓜的用种量及播种苗床面积、移植苗床面积，并指出育苗需采用哪些设施、设备。

七、任务考核

考核分为操作考核和综合考核。

（一）操作考核

操作考核按表 1－25 的内容进行，评定等级系数见表 1－26。

表 1－25　操作技能鉴定试题评分表

考生姓名：

试题名称		蔬菜播种			鉴定时限		25 min			
评价要素		配分	等级	评分细则	评定等级					得分
					A	B	C	D	E	
播种	播种方法	4	A	完全正确						
			B	基本正确（少 1 项或错 1 项）						
			C	部分错误（少 3 项或错 3 项）						
			D	部分正确（对 1 项）						
			E	差或未答题						
浇水	浇水操作	4	A	完全正确						
			B	错 1 项						
			C	错 2 项						
			D	错 3 项						
			E	差或未答题						
覆盖	覆土厚度、覆膜	10	A	完全正确						
			B	基本正确						
			C	部分错误						
			D	与实际要求相差较大						
			E	差或未答题						

续表

<table>
<tr><td colspan="2">试题名称</td><td colspan="3">蔬菜播种</td><td colspan="3">鉴定时限</td><td colspan="3">25 min</td></tr>
<tr><td colspan="2" rowspan="2">评价要素</td><td rowspan="2">配分</td><td rowspan="2">等级</td><td rowspan="2">评分细则</td><td colspan="5">评定等级</td><td rowspan="2">得分</td></tr>
<tr><td>A</td><td>B</td><td>C</td><td>D</td><td>E</td></tr>
<tr><td rowspan="5">文明操作</td><td rowspan="5">操作是否熟练，场地是否清洁</td><td rowspan="5">2</td><td>A</td><td>操作熟练，场地清洁，工具整理到位</td><td rowspan="5"></td><td rowspan="5"></td><td rowspan="5"></td><td rowspan="5"></td><td rowspan="5"></td><td rowspan="5"></td></tr>
<tr><td>B</td><td>操作熟练，场地较清洁，工具整理基本到位</td></tr>
<tr><td>C</td><td>操作熟练，场地一般清洁，工具未全部整理到位</td></tr>
<tr><td>D</td><td>操作不熟练，场地脏乱，工具乱放</td></tr>
<tr><td>E</td><td>差或未答题</td></tr>
<tr><td colspan="2">合计配分</td><td>20</td><td colspan="7">合计得分</td><td></td></tr>
</table>

考评员(签名)：

表 1－26　评定等级系数表

等级	A(优)	B(良)	C(及格)	D(较差)	E(差或未答题)
系数	1.0	0.8	0.6	0.2	0

注：评价要素得分＝配分×等级系数。

(二)综合考核

综合考核按表 1－27 进行。

表 1－27　项目教学评价表

<table>
<tr><td>学生姓名</td><td>日期</td><td colspan="3">课程项目名称</td><td>指导教师</td></tr>
<tr><td></td><td></td><td colspan="3"></td><td></td></tr>
<tr><td rowspan="6">课上
评价
(50 分)</td><td>预习实验内容</td><td>遵守安全操作规程</td><td>实验产品质量、数量</td><td>学生操作过程中表现</td><td>实验操作</td></tr>
<tr><td rowspan="2">能认真预习实验内容(5 分)</td><td rowspan="2">符合操作规程(5 分)</td><td>质量很好,达到规定数量(12 分)</td><td>好(8 分)</td><td>操作规范、精确(20 分)</td></tr>
<tr><td>质量好,没有达到规定数量(8 分)</td><td>一般(3 分)</td><td>操作规范、正确(15 分)</td></tr>
<tr><td rowspan="2">没预习实验内容(0 分)</td><td rowspan="2">不符合操作规程(0 分)</td><td>质量一般,达到规定数量(4 分)</td><td>不好(0 分)</td><td>操作基本规范(12 分)</td></tr>
<tr><td>质量不好,数量不足(0 分)</td><td></td><td>操作不规范、偏差大(6 分)</td></tr>
<tr><td></td><td></td><td></td><td></td><td></td></tr>
<tr><td rowspan="6">课下
评价
(50 分)</td><td>协助教师准备实验所用仪器设备、材料和药品等</td><td>完成生产调查表的书写、记录并汇报情况</td><td colspan="2">实验成果质量</td><td>保持仪器设备完好及实验场地整洁</td></tr>
<tr><td>积极主动协助(10 分)</td><td>积极提问,独立完成(10 分)</td><td colspan="2">实验成果质量很好,数量多(20 分)</td><td>实验结束后整理好场地,仪器设备完好(10 分)</td></tr>
<tr><td>主动协助(5 分)</td><td>独立完成(8 分)</td><td colspan="2">实验成果质量好,数量较多(15 分)</td><td>实验结束后不整理场地,或者仪器设备有损坏(0 分)</td></tr>
<tr><td>被动协助(2 分)</td><td>抄袭别人(0 分)</td><td colspan="2">实验成果质量一般,数量少(12 分)</td><td>—</td></tr>
<tr><td>不协助(0 分)</td><td>—</td><td colspan="2">实验成果质量不好,数量不足或无(6 分)</td><td>—</td></tr>
<tr><td></td><td></td><td colspan="2"></td><td></td></tr>
<tr><td rowspan="2">综合
考评</td><td>优秀
(得分≥95 分)</td><td>良好(95 分＞得分≥90 分)</td><td colspan="2">合格(90 分＞得分≥85 分)</td><td>不合格
(得分＜85 分)</td></tr>
<tr><td></td><td></td><td colspan="2"></td><td></td></tr>
<tr><td>评语</td><td colspan="5"></td></tr>
</table>

项目二　设施蔬菜生产管理

任务一　设施蔬菜生产苗期管理

一、学习目标

（一）知识目标

1. 掌握不同蔬菜的壮苗标准。
2. 知道设施蔬菜育苗中的间苗、移苗、炼苗操作要点。
3. 掌握蔬菜苗期的光、温、水、气、肥等环境因子的调控内容和方法。
4. 了解蔬菜苗期生长发育的各项生理指标。
5. 了解苗期病虫害症状以及苗期的施药方法。

（二）能力目标

1. 根据蔬菜作物苗期的生长发育特点，完成苗期的光、温、水、气、肥调控。
2. 依据蔬菜秧苗的生长情况和长势，完成管理措施的调整。
3. 根据蔬菜秧苗常见病虫害的发生情况，制定防治措施并完成施药操作。
4. 依据蔬菜的育苗目的，确定分苗、炼苗时期，完成分苗、倒苗、炼苗操作。
5. 根据分苗、倒苗后秧苗的生长状况，完成秧苗的位置以及管理措施的调整。

（三）素质目标

1. 培养学生适应风吹、雨淋、日晒的工作环境，经常与泥土、蚊虫、粪肥打交道的职业能力。
2. 在生产操作过程中，培养学生对于种子、农药、化肥、床土等耗材进行成本核算的管理意识。
3. 在生产操作过程中，培养学生遇到生产技术问题积极查找资料，有效进行团队的沟通、讨论、研究，进而解决问题并承担责任的职业素养。
4. 通过让学生分组合作完成设施蔬菜的种、管、收操作，培养学生从事设施蔬菜生产的职业责任心。
5. 通过正确的生产操作以及反复进行的常规操作，培养学生严谨认真、精益求精的工作态度。

二、基础知识

(一)蔬菜壮苗标准

所谓蔬菜壮苗,是指在蔬菜生产过程中的育苗期具有生长整齐、植物学形态健壮、抗逆性强、无病虫害特征的秧苗。

1.壮苗的特点

(1)适应性和抗逆性强,如耐低温、耐高温、耐干旱、抗病虫害等。

(2)生理生化活性强,新陈代谢正常,细胞液浓度高,含水量少,吸收能力强;定植后缓苗快,生长势强。

(3)用于早熟栽培的蔬菜幼苗,其产品器官已基本形成。

(4)壮苗的形态特征:根系生长正常;根白,无锈根(黄色或黄褐色);须根多且密集。茎节间短,节间长度与株高比例适当;茎粗壮有韧性,抗风能力强。叶数适中;叶片大而肥厚,生长舒展,无卷缩和病斑;叶色较深;叶柄粗短。植株开展度与株高比例适当,约为1∶1.3。幼苗整株生长整齐,形态健壮。

(5)壮苗的生理生化特性:叶片具有较高的光合能力和净同化力;根系活力强;植株叶绿素含量高,体内碳氮含量比例协调;细胞内还原糖的含量高。

2.壮苗的标准

(1)数量性状指标

①单项性状指标,包括茎高、茎粗、叶片数、叶面积、叶色、根重、第一花(序)节位、全株干重等。

②相对指标,指两种单项性状指标的比值,如茎粗/茎高、根重/冠重、冠重/茎高等。一般认为,比值越大,幼苗越健壮。

③复合指标,由两个以上的单项指标组成。其中,壮苗指数可由以下3个公式求得:

$$\text{壮苗指数}=(\text{茎粗}/\text{茎高})\times\text{地上部干重}$$

$$\text{壮苗指数}=(\text{苗幅}/\text{苗高})\times\text{叶片数}$$

$$\text{壮苗指数}=(\text{根重}/\text{地上部干重})\times\text{全株干重}$$

(2)生理指标

生理指标指的是蔬菜幼苗的某些生理生化指标,如光合强度、蒸腾强度、呼吸强度、根系活力、叶片叶绿素含量等。几种指标常常结合起来使用。

(二)蔬菜苗期的间苗、移苗和炼苗

1.间苗和移苗

(1)间苗

间苗是培育壮苗的一个重要措施。对于用撒播方法播种的蔬菜,要结合覆齐苗土进行第一次间苗。具体操作为:先疏去拥挤、细弱、畸形的秧苗,使得留苗分布均匀,并能很好地利用阳光和床土中的水肥营养;苗距为1.5 cm。此外,若苗床充足,则应结合覆保墒土进行第二次间苗,苗距为3 cm。

(2)移苗

移苗的目的是适时调整秧苗的营养面积和生长空间,改善光照条件和营养条件;切断主根,刺激多发侧根,以利于缓苗;淘汰病苗、弱苗,使秧苗生长整齐;防止徒长以及防治病虫害。移苗一般进行1~2次,时间是在花芽分化以前,如瓜类蔬菜是在第一片真叶展开前进行移苗,其他蔬菜多在2~3片真叶展开前进行移苗。

移苗后的单株营养面积:瓜类蔬菜为8~10 cm见方,茄果类为8 cm×8 cm(辣椒每穴2~3棵),白菜类为6 cm×6 cm。

移苗方法:瓜类等蔬菜秧苗应移植到营养钵或育苗筒内,撒播的茄果类等蔬菜秧苗常用开沟法移植到苗床中。

2. 定植前的炼苗

(1)夜冷锻炼

当幼苗长到接近定植所要求的大小时,在定植前10~15 d,应采用逐渐降低夜温、放夜风、控水的方法对秧苗进行锻炼,并增强其抗逆性和适应性。

(2)露天锻炼

定植前7~10 d,在夜冷锻炼的基础上,在没有霜冻的前提下,应日夜全部揭去秧苗的覆盖物,以使秧苗获得适应定植后露地环境条件的能力,同时通风、降温、控水也都应逐步进行。此外,注意收听当地的天气预报,尤其是在有寒流或阴雨天气时,要做好防寒保温工作,以防止秧苗受冻。

炼苗不可过度,否则茎叶会趋于老化,定植后的缓苗时间也会延长,且不易发秧。需要注意的是,果菜类蔬菜秧苗锻炼过度易出现“花打顶”和第一花序发育畸形的现象。

(三)蔬菜的苗期管理

1. 发芽期管理

(1)第一阶段管理

这一阶段是指从播种到子叶微展。该阶段的管理要求是床土水分充足、透气好、温度高,管理的重点是温度。

(2)第二阶段管理

这一阶段是指从子叶微展到初生真叶显露。这一阶段的管理重点在于控水、降温,以防止胚轴徒长,形成所谓的“高脚苗”。

温度标准:喜温菜苗白天为15~20 ℃,夜晚为12~16 ℃;喜凉菜苗白天为8~12 ℃,夜晚为5~6 ℃。此外,这一阶段还要求强光照射,光照强度应大于半饱和光合作用所需的光照强度。同时,氮肥的施用也不能过多。

2. 幼苗期管理

幼苗期是指从初生真叶显露到秧苗形成适宜形态。例如,茄果类蔬菜一般长到7~9片真叶,现大蕾;瓜类蔬菜长到4叶展平;豆类蔬菜长到初生复叶;茎叶菜类蔬菜长到5~6片真叶展开。

(1)第一阶段管理

这一阶段是指从初生真叶显露到长出三四个叶。该阶段的管理要求:温度适当提高,其中果菜类蔬菜白天为20~25 ℃,夜间为15~18 ℃;茎叶菜类和花菜类白天为18~22 ℃,夜间为10~12 ℃。采用强光照射，以促进秧苗的分化。若秧苗开始互相接触，则应分苗；若需补充肥料或浇水，则可在2叶展足时进行，但要与中耕或盖土相结合。

瓜类蔬菜秧苗长到4片叶、豆类蔬菜秧苗长到二三片叶后，应将其定植于大田。其他类蔬菜由于苗期较长，因此为适应光照条件和土壤养分，分苗前的3～4 d要对秧苗进行适当的锻炼。

分苗应在晴天进行，因为这样发根、缓苗快。分苗前0.5 d或1 d，要给秧苗浇透水，以做到带土起苗。分苗密度的要求为：保证秧苗在培育期间都能接受到充足的光照，不过早地发生肩挨肩的情况。分苗尺寸一般为：茄果类蔬菜10 cm×10 cm或10 cm×12 cm（辣椒等大型果品种1～2株，小型果品种3～6株）；茎叶菜类蔬菜、花菜类蔬菜8 cm×8 cm。

（2）第二阶段管理

这一阶段是指从长出三四片叶到秧苗成龄。分苗后恢复根系的措施：提高土温（对于喜温秧苗，土温应达到16 ℃以上），缓苗3～5 d。缓苗后的整个苗期都要做好通风和保温工作。其中，茄果类蔬菜白天为25～30 ℃，夜晚为20 ℃左右；茎叶菜类和花菜类蔬菜白天为20～22 ℃，夜晚为12～15 ℃。需要注意的是，通风时须防止揭开覆盖物过猛。

3. 移苗前管理

移苗前5～7 d，要锻炼秧苗；秧苗定植前1～2 d，要浇透水，以利带土起苗。同时，要喷一次防病农药，并结合根外追肥。起苗时要注意秧苗的根、茎部分有无病灶，若有病虫害侵染，则应坚决予以淘汰。

（四）蔬菜的苗龄

蔬菜的日历苗龄是指从播种、出苗到成苗（可定植时）所需要的天数。蔬菜的生理苗龄是指可定植时幼苗生长发育所达到的程度，用秧苗形态上的描述来表示。例如：大棚黄瓜定植时的生理苗龄，应有4～5片真叶展开，并且部分秧苗出现雌花；大棚番茄定植时的生理苗龄，应有8～9片真叶展开，并且现蕾。

虽然日历苗龄与生理苗龄在一定程度上都反映了育苗时间的长短，但在实际应用中，生理苗龄是主导，日历苗龄是参考。最好的结果是在短的日历苗龄内育出生理苗龄大的幼苗。

（五）苗期的主要病虫害

1. 苗期病害

（1）生理性病害

①烧根

症状：根系很弱，变成黄色；地上部分叶片小，叶面发皱，边缘焦黄；植株矮小。

病因：育苗床肥料过多，土壤溶液浓度过大。

防治措施：适当地多浇水，以降低土壤溶液浓度；提高苗床温度。

②寒根

症状：植株矮小，茎细、叶小，根少或不发新根。

病因：苗床温度过低。

防治措施：适宜的温度和水分条件。

③沤根

症状:根系沤烂;地上部分停止发育;叶灰绿色,并逐渐变黄。

病因:苗床水分过多,土壤湿度过大,缺少空气。

防治措施:控制浇水量,在必须浇水时,应分片按需水量浇水,不宜采用大水漫灌的方式浇水;通风排湿,覆干土吸湿,以降低湿度。

(2)侵染性病害

猝倒病、立枯病和沤根病是蔬菜苗期的三大病害,俗称"倒苗病"。

①猝倒病。猝倒病主要危害茄果类蔬菜及黄瓜幼苗。幼苗在长出1~2片真叶时最易受害,其病原菌为真菌。

症状:病苗茎部靠近地面处开始呈水渍状,后期褪绿变黄;患病部位收缩变细,如线状;叶片绿色。在高温高湿时,病苗及其附近土面可见明显的白色棉絮状菌丝。

病因:育苗床低温(10 ℃以下)、高湿(相对湿度90%以上)、弱光(秧苗过于拥挤所致)。

防治措施:

第一,种子消毒。

第二,床土消毒。

第三,播种要适量,出苗后及时进行间苗、分苗,以防止秧苗拥挤而导致的相互遮光。

第四,控制浇水量,保持床土表面干燥,相对湿度控制在60%~80%。若必须浇水,则应在晴天上午10~12时进行。浇水后,中午要通风,下午要在苗床上撒干燥的草木灰。

第五,药剂防治。当病害发生时,应先清除病苗,再用药液向秧苗根部喷洒(喷药应在上午进行)。

②立枯病。立枯病是发生于幼苗刚出土和大苗苗期的一种真菌性病害,主要危害茄果类蔬菜幼苗。

症状:幼苗发病时,茎基部出现椭圆形褐色病斑,患病部位软化收缩变细后,病苗折倒;病苗根部腐烂。较大的秧苗发病时,初期白天萎蔫,早晚恢复;幼茎逐渐收缩后,全株枯萎。在温暖湿润的环境里,患病部位会产生轮纹或淡褐色蛛网状菌丝,菌丝能结成大小不等的褐色菌核。立枯病与猝倒病在症状上的主要区别是立枯病病苗仍直立而不倒伏。

病因:苗床温暖多湿、通风不良,幼苗徒长。

防治措施:同猝倒病。

2. 苗期虫害

(1)蛴螬

危害表现:在床土中危害萌发的种子,并会咬断幼苗的根和茎,断口整齐。

出现条件:当土温在5 ℃以下时,蛴螬停止活动。当距地表10 cm内的土温达到5 ℃时,蛴螬开始活动。当土温较高、土壤潮湿时,蛴螬活动频繁;土壤干燥时,其会向较深的土层移动。

防治方法:首先,要保持苗床土壤的清洁,及时清除杂草,床土必须过筛后使用,施用腐熟肥料;其次,喷洒药剂杀虫。

(2)蝼蛄

危害表现:成虫及幼虫均会在床土中危害刚播的种子,并会咬断幼苗嫩茎,茎基部被咬成乱麻状。

防治方法:与防治蛴螬的方法相同。但是,由于蝼蛄能在地面活动,因此可以用毒饵诱杀。在傍晚将毒饵撒在苗床地表,即可毒杀夜间觅食的蝼蛄。

(3)小地老虎

危害表现:主要为幼虫危害幼苗。其昼伏夜出,把幼苗从根部咬断或拖入土穴中咬食,从而造成缺苗断垄。

出现条件:成虫的活动受气候条件影响很大,温度为10～16 ℃时活动最盛,并且夜间微风或阴雨天时活动更强。小地老虎喜温暖及潮湿的条件,因此,土质疏松、团粒结构好、保水性强的壤土、黏壤土、沙壤土均适宜小地老虎的生存。

防治方法:

第一,清除田间杂草。

第二,用糖醋液诱杀成虫(糖1份、醋2份、白酒0.5份、水10份、90%敌百虫晶体0.1份)。傍晚将糖醋液放于田间1 m高处,成虫取食时可被诱杀。

第三,毒饵诱杀,主要诱杀的是小地老虎幼虫。具体操作为:将玉米面或麦麸炒熟,并将90%敌百虫晶体用水化开后拌入炒熟的玉米面或麦麸(每5 kg玉米面或麦麸加敌百虫50 g);在日落前,把诱饵撒在秧苗附近。

第四,喷洒药剂杀虫。

三、操作实施

(一)情境导入

某蔬菜生产合作社技术员在早春进行设施蔬菜的育苗管理过程中,与管理工人就苗期管理、环境调控的技术意见出现了不一致的情况,技术员和管理工人各自都有其管理依据。因为涉及全年整个合作社设施蔬菜生产的经济效益,所以在这种情况下,为化解技术员和管理工人之间的矛盾,我们需要协助合作社完成苗期管理和环境调控的操作。

(二)任务布置

1. 角色转变

全班学生分成4个小组,教师、学生进行角色转变

(1)每个小组为一个生产单位。

(2)学生角色:公司CEO、材料员、技术员、信息采集员、销售员、成本核算员。在每个生产单位中,每个学生所担任的职务都由该生产单位自行安排。

2. 成绩记录

检查生产单位的任务完成情况时,以生产单位的操作进行评价;考核任务完成过程中个人的操作时,以个人的成绩进行记录。

3. 材料领取

本次任务所用材料由教师提供。各生产单位的材料存在品种上的差异,并计入生产成本。

4. 操作任务

根据蔬菜的育苗情况,完成蔬菜的苗期管理以及相应环境因子调控的操作。

(三)操作准备

材料:温室或大棚等设施内的番茄幼苗、黄瓜幼苗、辣椒幼苗、茄子幼苗、西瓜幼苗、南瓜幼苗、番茄种子、黄瓜种子、辣椒种子、茄子种子、西瓜种子、南瓜种子以及各种药剂和营养土等。

工具设备:喷壶、天平、烧杯、玻璃棒、园艺铲子、温度计、塑料薄膜、二氧化碳发生器、风扇、草苫、棉被、遮阳网、无纺布、栽培床、铁锹、锄头等。

(四)操作规范

观看视频,学习蔬菜栽培技术。

1. 设施内光照的调控

(1)改进设施结构,提高透光率。选用优质、透光率高的覆盖材料。

(2)改进管理措施:

①优化设计布局,合理安排设施间距。

②及时更换覆盖材料,并注意覆盖材料的清洗;在保证设施内温度的同时,做到"晚盖苫,早揭苫";在设施内合理放置反光幕。

③合理安排株、行距,及时整枝吊蔓,加强植株管理。

④选用耐弱光品种。

⑤采用有色薄膜,以满足某种作物或某种作物某个发育时期对该光质的需要。

(3)人工补光。

(4)设施遮阴:

①利用遮阳网、无纺布、竹帘等及时覆盖设施。

②在设施内种植藤本植物,在覆盖材料上涂白灰,在室外种植落叶树。

2. 设施内温度的调控

(1)温度调节的"三高三低"。根据蔬菜作物不同生长发育时期对于温度的要求,应从"温度三基点""三高三低"入手,对设施内的温度进行调节。"三高"是指白天高、晴天高,以及出苗前、移苗后高;"三低"是指夜间低、阴天低,以及出苗后、移苗前和定植前低。

(2)提高设施的保温性:

①选用保温性能好的覆盖材料。

②棚室内采用多层覆盖。

③棚室外晚间盖草苫、棉被等。

④提高栽培土壤的温度。

(3)设施内地温的调节。提高地温的方法:苗床栽培;温床栽培;设施内外设置防寒沟;温室内地膜覆盖;勤松土,控制浇水量;晴天上午浇水后再松土。

(4)降低设施内温度的方法。设施内温度过高不利于蔬菜的生长发育,容易导致蔬菜出现落花落果现象,从而使蔬菜产量下降。降温方法如下:

①通风降温

设施内温度过高时,应打开后墙上的通风口,如果温度仍然很高,则可把前立窗的棚膜从底下揭开一部分。此外,将温室门打开也可起到通风降温的作用。

大、中棚的通风降温是采取揭开一部分棚膜完成的。首先,在棚的两侧隔一定距离从底下揭开 1 ~2 m 宽的棚膜;然后随着棚温逐渐升高,通风口的棚膜需要不断地向上卷起。若进入高温期,则两侧的棚膜需要全部卷起。

②覆盖降温

在夏季高温时期,利用遮阳网、无纺布覆盖棚室,可使室内温度下降 3 ~4 ℃,还可防止强光直射。此外,温室外面用竹帘覆盖,玻璃温室外面涂白灰或从外面向玻璃上喷水,也可降低室内温度。

3. 设施内湿度的调控

设施内的湿度包括空气湿度、土壤湿度。

(1)空气湿度的调控

①被动除湿

第一,覆盖地膜,减少地表蒸发导致的空气湿度升高。第二,科学灌溉,如采用滴灌、地中灌溉、膜下灌溉等,并在晴天上午进行。第三,减少浇水,即应根据作物的需求补充水分,以提高水分的利用率。

②主动除湿

第一,通风换气。自然通风采用调节风口大小、位置及通风时间的方法,达到降低设施内湿度的目的;强制通风则利用风机的工作功率和工作时间,降低设施内的湿度。第二,加温除湿。加温时结合作物的同化作用,保持叶片表面不结露,即可有效控制设施内的湿度。

③喷雾加湿

设施内顶部安装喷雾系统,可以在降温的同时增加湿度。

④湿帘加湿

这种加湿方法主要是为了在降温的同时增加设施内的湿度。

(2)土壤湿度的调控

土壤湿度的调控主要取决于灌溉方式,如采用滴灌、微喷灌、地下灌溉等灌溉形式,就可起到显著调控土壤湿度的作用。

4. 设施内气体的调控

(1)二氧化碳的调控

增加二氧化碳的措施:第一,增施有机肥;第二,合理放风;第三,人工施用二氧化碳气肥。二氧化碳的日变化情况如图 2 -1 所示,二氧化碳的发生装置如图 2 -2 所示。

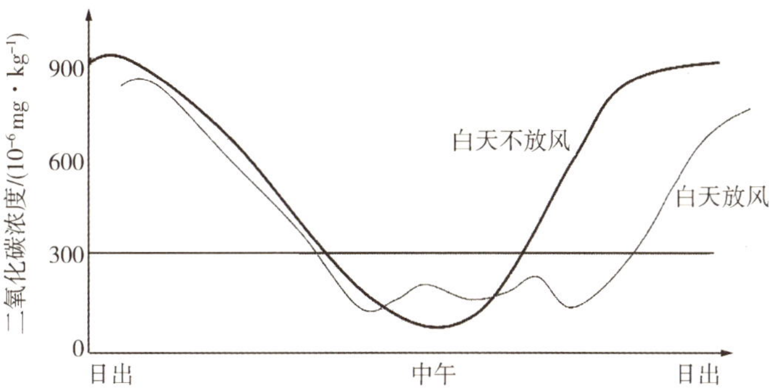

图 2 -1　二氧化碳日变化情况

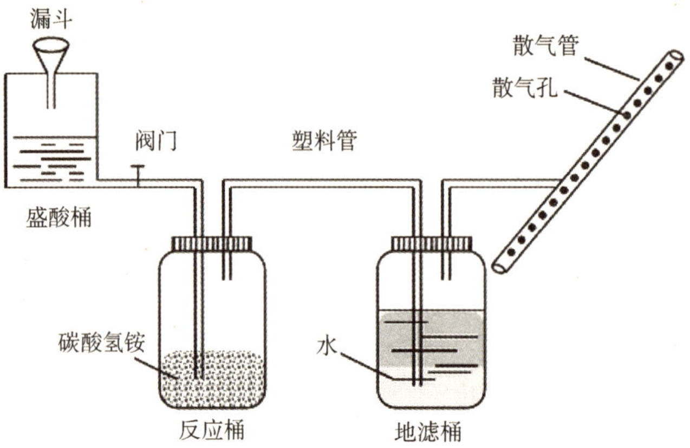

图 2-2　二氧化碳发生装置

(2)有害气体的控制

①有机肥要充分腐熟后深施。

②化肥要随水冲施或埋施。

③避免使用挥发性强的氮素化肥。

④选用无毒的蔬菜生产专用塑料薄膜。

⑤设施内不堆放有毒或陈旧的塑料薄膜以及农药、化肥等。

⑥冬季加温时严禁漏烟。

⑦一旦发生气害,不要滥施农药、化肥。

5. 设施内土壤的调控

(1)合理轮作,增施有机肥,平衡施肥,科学灌溉,土壤消毒。

(2)减轻或防止盐害的方法:设施内增施有机肥,以提高土壤对盐分的缓冲能力;根据蔬菜种类进行配方施肥,以免因超量施肥而增加土壤盐溶液浓度;深耕土壤,改善土壤理化性质;覆盖地膜,以防止水分大量蒸发而致表土积盐;在设施闲置季节,给土壤大量灌水以洗盐;等等。

(3)解决连作障碍的方法:轮作;换土是改善设施内土壤环境最有效的办法,但劳动强度大;嫁接育苗,即利用砧木的抗病性抑制土传蔬菜病害的发生。

(五)操作记录

操作记录分别按表 2-1、2-2、2-3、2-4、2-5 的形式填写。

表2－1　________幼苗生产情况记录表

记录时间	出苗情况				正常生长情况								异常生长情况		备注
	播种	露尖	出土	90%	茎粗	茎高	子叶			真叶			发病症状	发病部位	
							数量	颜色	大小	数量	颜色	大小			

表2－2　________苗期管理情况登记表1

管理项目		记录日期			
温度管理	增加温度				
	降低温度				
光照管理	增加光照				
	减少光照				
水分管理					
通风管理					
施肥管理	施肥方法				
	肥料种类及浓度				
匀苗	匀苗方法				
	匀苗条件				
假植	假植方法				
	假植条件				

表 2－3 ________苗期管理情况登记表 2

管理项目			记录日期			
苗期病害症状识别	立枯病	发病症状				
		发病条件				
	猝倒病	发病症状				
		发病条件				
	灰霉病	发病症状				
		发病条件				
	黑根病	发病症状				
		发病条件				
	沤根病	发病症状				
		发病条件				

表 2－4 ________苗期管理情况登记表 3

管理项目			记录日期			
苗期病害综合防治	床土消毒	消毒方法				
		所用药剂				
		药量				
	种子处理	消毒方法				
		所用药剂				
		药量				
	苗床管理					
	药剂防治	药剂种类				
		药量				
		防治方法				

表 2－5　________苗期管理情况登记表 4

管理项目		记录日期			
苗期虫害识别	害虫名称				
	危害部位				
	危害表现				
	害虫出现条件				
苗期虫害综合防治	农业防治				
	诱杀成虫				
	药剂防治				
炼苗					

四、知识总结

（一）苗期管理

1. 温度管理

温度过低或过高都不利于蔬菜幼苗的生长发育，温度过低易导致幼苗根系生长发育不良，过高则易造成徒长苗。早春育苗期设施内的温度受外界环境温度的影响很大，当外界环境温度升高、光照增强时，设施内的温度会随之升高；当不需加热设施内的温度就能满足蔬菜的生长发育时，应采取通风、遮阴等措施来降低设施内的温度。

苗期可采取“三高三低”“四段变温”的方法进行温度管理，以保障蔬菜各个生长发育阶段的生理活动都在适宜的温度下进行。

蔬菜苗期温度管理依据各种蔬菜对于“温度三基点”的要求来进行，“温度三基点”即蔬菜生长发育所要求的最高温度、最低温度和适宜温度。在苗期温度管理中，地温与气温的变化需要予以特别注意，设施内气温高时，地温可以低一些；反之，地温应当高一些。

2. 湿度管理

整个苗期的浇水必须遵循“勤浇少浇，勤覆土少覆土”的原则。底水充足时，播种后、移植前不浇水；底水不足、床土过干时，晴天中午可喷水 1～2 次。苗床最好做成高垄并采用膜下滴灌的方式浇水，以防止水分蒸发；切不可大水漫灌。需要特别注意的是，若设施内湿度过高，则易导致病虫害的发生。

土壤湿度应根据秧苗种类的不同而有所差异。早春土壤湿度不宜过高，以防止低温高湿引起秧苗沤根。浇水应在晴天清晨进行，因为清晨浇水不会降低地温。中午、下午以及阴天不要浇水。

3. 光照管理

光照时间长、强度大时，蔬菜幼苗生长旺盛；光照时间短、强度弱时，蔬菜幼苗生长缓慢。鉴于此，在保证设施内温度的前提下，应尽量做到“早揭苫、晚盖苫”。

具体操作分为三种情况：一是晴天太阳出来时要及时揭苫、拉帘，阴天正常揭苫、拉帘。二是雨雪天要进行小通风，以换气排湿；雨雪停后，可以晚揭苫 30 min、早盖苫 30 min。三是在持续的阴天或雨雪天要逐渐揭去覆盖物，雪天还要及时清除棚膜上的积雪。

4. 通风管理

根据天气情况，设施内需要适时通风。温度高时，对于喜凉蔬菜，需放大风；对于喜温蔬菜，放风要早且稍大；对于喜温但又怕热的蔬菜，通风要晚且时间要短。

通风管理的原则：低温期、出苗前、移植后、缓苗时不通风；早晚、阴天通小风，出苗后、缓苗后通小风；晴天中午通大风、浇大水，移植前、移植后通大风。

5. 施肥管理

施肥方式：基肥、追肥、根外追肥（叶面喷肥）。

施肥方法：普施（撒施）、条施（沟施）、穴施（环施）、随水冲施、随水喷施（注意时间和部位）。

注意事项：有机肥应充分发酵腐熟（不携带病原菌、虫卵）；缓效肥宜早施，速效肥宜追施；尿素施后应立即浇水，以防止因日晒产生氨气而造成危害；碳酸氢铵不能在棚内盖膜期间施用；要看菜施肥、看天施肥、看肥施肥，以及看栽培方式和土壤条件施肥。

6. 炼苗

定植前 7 ~ 10 d，蔬菜幼苗需要进行锻炼。炼苗时，白天室内的温度应为 15 ~ 20 ℃，夜晚逐渐降到 5 ℃左右，地温应为 15 ~ 18 ℃。降温炼苗要逐渐进行，降温过快，容易造成幼苗冻伤。白天通风时，若叶片出现异常，则应立刻缩小通风口，待叶片恢复正常形态后，再扩大通风口。如果是露地定植，那么通风口应逐渐增大，直到定植前 3 ~ 5 d 为止。若夜间无霜，则可全部打开通风口。

7. 特殊天气下的管理

连续阴天时，在保证幼苗不受冻害的前提下，应降低苗床的温度、湿度；连续雪天时，要及时清除积雪并适当通风，但通风时间要短。

8. 病害防治

防治措施：做高畦并选择排水良好的地块，有机肥要充分腐熟；苗期要防止高温高湿，并及时除去病株、残株，以及清除病原菌；床土消毒，种子播后要覆盖药土；种子消毒，并要防治猝倒病、立枯病等；对于发病的幼苗，可连续喷洒药液（药液浓度按比例配制），每隔 7 d 喷一次，共喷 2 ~ 3 次。

（二）蔬菜育苗

1. 简述壮苗的一般形态特征标准以及培育壮苗的操作标准。

2. 简述蔬菜育苗的方式和工艺流程。

3. 简述分苗操作及分苗后的管理。

(三)资料查找

请通过查找资料,了解蔬菜工厂化育苗所用仪器设备以及育苗的技术要求、工艺流程。

五、知识拓展

(一)常见蔬菜壮苗标准

1. 黄瓜:具有 3 ~4 片真叶,叶片厚、叶色深,茎粗且节间短,苗高为 10 cm 以下,子叶完好。

2. 番茄:具有 8 片真叶,叶色绿,茎粗为 0.5 cm,苗高为 20 cm 以下,带花蕾而未开放。

3. 茄子:具有 6 ~7 片真叶,叶片大而厚,叶色深绿;茎粗为 0.4 ~0.5 cm;苗高为 15 cm 左右;花芽分化良好,第一花蕾已现但未开花;根系发达,须根多且白嫩。

4. 辣椒:具有 10 ~12 片真叶,叶片大而厚,叶色浓深,茎粗为 0.4 ~0.5 cm,苗高为 15 ~20 cm,第一花蕾已现。

5. 菜豆:具有 1 ~2 片真叶,叶片大、叶色深绿,茎粗为 0.4 ~0.5 cm,节间短,苗高为 5 ~8 cm。

6. 甘蓝、花椰菜:具有 6 ~8 片真叶,叶丛紧凑,节间短,叶色深绿,根系发达。

(二)蔬菜嫁接育苗

1. 嫁接育苗的意义

(1)能防治多种土传病害,并能克服设施连作障碍。

(2)植株根系强大,抗逆性强。

(3)可提早定植、收获,并可提高产量和产值。

2. 影响嫁接育苗成活率的因素

(1)砧木和接穗亲和力的高低。

(2)砧木和接穗生活力的强弱。

(3)嫁接的方法及操作人员的技术水平。

(4)嫁接后的管理技术,即能否严格按照幼苗的生长发育情况进行管理。

3. 嫁接育苗的砧木选择

(1)优良砧木应具备的特点

①亲和力强,即嫁接后幼苗易成活,并且成活后长势强。

②抗病或免疫。

③抗逆性强。

④对接穗的品质无不良影响或影响较小。

(2)蔬菜嫁接育苗所用主要砧木

详见表 2 -6。

表 2－6　常见砧木种类

蔬菜种类	砧木种类
黄瓜	黑籽南瓜、南砧一号（南瓜）、新土佐（南瓜）
西葫芦	黑籽南瓜
西瓜	瓠瓜、新土佐（南瓜）、将军葫芦、华砧二号（葫芦）、超丰 F1（葫芦）、华砧一号（瓠瓜）、抗砧二号（南瓜）、西域砧（野生西瓜）、强刚一号（葫芦）
甜瓜	白菊座南瓜、金刚南瓜
网纹甜瓜	园研网纹甜瓜砧木一号、强荣、大井、埃索拉托塞姆
茄子	托鲁巴姆、野生刺茄等
番茄	BF、兴津 101、PFN、KVFN

4. 嫁接方法

以黄瓜嫁接方法为例（见图 2－3）。

（1）靠接法

①砧木比接穗晚播 3～5 d。

②去掉砧木的生长点和真叶。

③在砧木幼苗上部生长点下方 0.5～1 cm 处，用刀片向下斜切一刀，角度为 35～40°，深度为茎粗的一半。

④在接穗幼茎生长点下方 1.2～1.5 cm 处，用刀片向上斜切一刀，角度为 30°左右，深度为茎粗的 3/5。

⑤将接穗与砧木幼苗在切口处接合，使接穗子叶压在砧木子叶上面，然后用嫁接夹固定。

（2）插接法

①砧木比接穗早播 3～5 d。

②要求接穗较小一些，并要去掉砧木的生长点、真叶。

③选择、制作与接穗茎粗相近的竹签，然后将竹签从砧木一侧子叶的主叶脉向另一侧方向朝下斜插 5～7 mm 深（竹签的尖端不能刺破砧木的表皮）。

④在接穗子叶下方 8～10 mm 处，用刀片向下斜切一刀，深度为茎粗的 2/3，切口长为 5 mm 左右，接着从对面向下斜切第二刀，致茎断开，并使接穗断口呈楔形。

⑤拔出竹签，将接穗插入砧木。

（3）劈接法

①去掉砧木的生长点。

②在砧木茎的一侧，用刀片自上而下轻轻切开长约 1 cm 的切口。

③在接穗子叶下方 8～10 mm 处，将下胚轴切成楔形。

④将接穗插入砧木切口内，并用嫁接夹固定。

（4）贴接法

①待砧木和接穗长到符合劈接要求的大小时，可进行帖接（也称斜面接）。砧木要保留 2 片真叶，并用刀片在第二片真叶上方以 30°的角度斜切，同时去掉顶端。斜面径长为 1～1.5 cm。

②接穗要保留 2～3 片真叶，并去掉下端，再用刀片将接穗茎切出一个与砧木斜面同样大小的斜面，然后将砧木和接穗的斜面贴合在一起。

③用嫁接夹将砧木和接穗固定好。

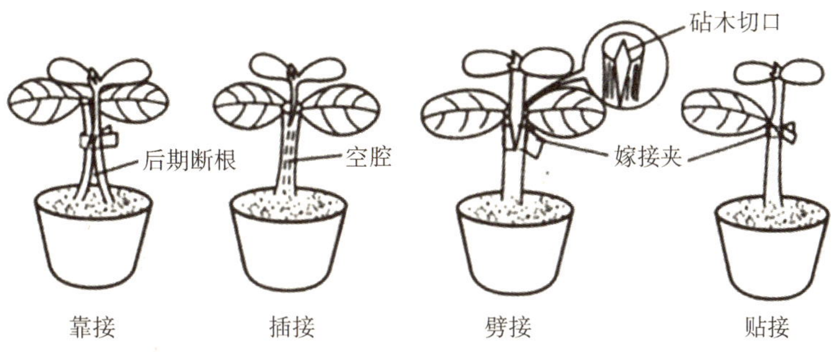

图 2－3 黄瓜嫁接方法示意图

5. 嫁接后管理

（1）所需设施

冬春季嫁接用苗床应设置在日光温室、塑料薄膜拱棚等设施内，以便为嫁接苗创造良好的环境条件。同时，苗床上还应架设塑料小拱棚，并配有遮阴、防雨、降温等设备。若地温低，则苗床还应铺设地热管线以提高地温。

（2）温度

嫁接苗需要有适宜的愈合温度，因为温度过高或过低，均不利于接口愈合，并会影响嫁接苗的成活率。若在早春低温期进行嫁接，则应采取增温保湿措施，待幼苗成活后，再恢复常规的育苗温度管理。采用靠接法嫁接的蔬菜幼苗成活后，需断根，断根后应适当提高温度，2～3 d 后再按常规管理。

（3）湿度

嫁接苗成活之前，设施内要保持较高的空气湿度；嫁接后 1 周内，相对湿度应保持在 95% 以上。嫁接后，育苗筒要浇透水，并放置在充分浇水（冬天浇温水，夏天浇凉水）的小拱棚内。若湿度不够，则需向棚内喷雾，并盖严棚膜，使棚内的空气湿度接近饱和状态。

棚膜密闭时间的长短因嫁接方法不同而有所差异。比如，靠接法的密闭时间一般可短些，而如果需要接穗断根的，则密闭时间可长些。每日中午喷雾 1～2 次，待嫁接苗完全成活后，再恢复常规的育苗湿度管理。

（4）光照

嫁接后，不可让阳光直晒秧苗。适当遮光，防止接穗萎蔫是决定嫁接成功的关键因素。遮光方法一般为：在塑料小拱棚外面覆盖草苫、报纸、遮阳网等。嫁接后 1～4 d 内，要全天遮光；5～7 d 以后，早晚在小拱棚两侧可透弱光，并逐渐增加透光时间；8～10 d 嫁接苗成活后，恢复正常光照管理。此外，采用靠接法嫁接时，接穗断根后应适当遮光 2～3 d，之后可逐渐增加透光量和透光时间，嫁接苗成活后，应及时恢复正常的光照条件。需要注意的是，嫁接后若遇阴雨天气，则可不遮光。

（5）注意防病

嫁接前 12 d，要对接穗、砧木施用农药，嫁接用具及操作人员手指也需要进行消毒处理；嫁接愈合期内，还应喷药 1～2 次（结合喷雾进行），药物可用稀释 800～1 000 倍的百菌清等。待嫁接苗成活后，再按常规方法防治苗期病虫害。

6. 嫁接苗成活后管理

(1)肥水管理

嫁接苗成活后要适当控水,以促进其根系发育。若营养土较干,则可结合浇水喷叶面肥 1 ~2 次,肥料可用0.1% ~0.3%磷酸二氢钾加尿素。

(2)病虫防治

嫁接苗成活后应注意防治病虫害,因此需要定期合理喷药。苗期的虫害主要有蚜虫等,可选用10%吡虫啉1 000 倍液防治;病害主要有猝倒病、疫病等,可用75%百菌清600 倍液、25%甲霜灵1 500 倍液防治。

(3)选苗炼苗

移栽时,应选择苗龄适宜的嫁接苗。移栽前 7 d,应降低苗床温度,并控肥水,同时进行炼苗,以利于移栽后的缓苗,从而提高嫁接苗的成活率。若砧木发生侧芽,则应及时将其清除。

六、任务拓展

(一)春季露地育苗的苗期管理

1. 适宜直播的条件。

2. 精选种子,提高播种质量。

3. 及时间苗,分次间苗。

4. 浇水后结合中耕除草。

5. 定苗与补苗。

(二)夏季高温雨季育苗的苗期管理

1. 适宜直播的条件。

2. 精选种子,提高播种质量。

3. 及时间苗，分次间苗。

4. 浇水后结合中耕除草。

5. 定苗与补苗。

（三）秋季育苗的苗期管理

1. 适宜直播的条件。

2. 精选种子，提高播种质量。

3. 及时间苗，分次间苗。

4. 浇水后结合中耕除草。

5. 定苗与补苗。

七、任务考核

考核分为操作考核和综合考核。

（一）操作考核

操作考核按表 2 -7 的内容进行。评定等级系数见表 2 -8。

表 2－7　操作技能鉴定试题评分表

学生姓名：

试题名称		黄瓜夏季育苗技术			鉴定时限			25 min		
评价要素		配分	等级	评分细则	评定等级					得分
					A	B	C	D	E	
装穴盘	穴孔装土均匀并压实	4	A	完全正确						
			B	穴孔装土基本均匀，有压实						
			C	穴孔装土基本均匀，无压实						
			D	穴孔装土不均匀，无压实						
			E	差或未答题						
水分	浇水渗透程度与覆水情况	4	A	完全正确						
			B	播种 4 h 前浇透水，播种前无覆水						
			C	播种 4 h 前未浇透水，播种后覆水						
			D	与实际要求相差较大						
			E	差或未答题						
播种	种子平放并轻压，盖籽泥厚度是否正确，是否覆盖双层遮阳网	10	A	完全正确						
			B	播种较正确，盖籽泥较薄，覆盖双层遮阳网						
			C	播种基本正确，盖籽泥较薄，覆盖单层遮阳网						
			D	与实际要求相差较大						
			E	差或未答题						
文明操作	操作是否熟练，场地是否清洁	2	A	操作熟练，场地清洁，工具整理到位						
			B	操作熟练，场地较清洁，工具整理基本到位						
			C	操作熟练，场地一般清洁，工具未全部整理到位						
			D	操作不熟练，场地脏乱，工具乱放						
			E	差或未答题						
合计配分		20	合计得分							

考评员（签名）：

表 2－8　评定等级系数表

等级	A(优)	B(良)	C(及格)	D(较差)	E(差或未答题)
系数	1.0	0.8	0.6	0.2	0

注：评价要素得分 = 配分 × 等级系数。

(二)综合考核

综合考核按表2-9进行。

表2-9 项目教学评价表

学生姓名	日期	课程项目名称			指导教师
课上评价(50分)	预习实验内容	遵守安全操作规程	实验产品质量、数量	学生操作过程中表现	实验操作
	能认真预习实验内容(5分)	符合操作规程(5分)	质量很好,达到规定数量(12分)	好(8分)	操作规范、精确(20分)
			质量好,没有达到规定数量(8分)	一般(3分)	操作规范、正确(15分)
	没预习实验内容(0分)	不符合操作规程(0分)	质量一般,达到规定数量(4分)	不好(0分)	操作基本规范(12分)
			质量不好,数量不足(0分)	—	操作不规范、偏差大(6分)
课下评价(50分)	协助教师准备实验所用仪器设备、材料和药品等	完成生产调查表的书写、记录并汇报情况	实验成果质量		保持仪器完好及实验场地整洁
	积极主动协助(10分)	积极提问,独立完成(10分)	质量很好,数量多(20分)		实验结束后整理好场地,仪器设备完好(10分)
	主动协助(5分)	独立完成(8分)	质量好,数量较多(15分)		实验结束后不整理场地,或仪器设备有损坏(0分)
	被动协助(2分)	抄袭别人(0分)	质量一般,数量少(12分)		—
	不协助(0分)	—	质量不好,数量不足或无(6分)		—

续表

学生姓名	日期	课程项目名称		指导教师
综合考评	优秀（得分≥95分）	良好（95分>得分≥90分）	合格（90分>得分≥85分）	总分
评语				

任务二　设施蔬菜生产定植

一、学习目标

（一）知识目标

1. 掌握栽培设施的类型、性能及其在蔬菜生产中的应用。
2. 知道设施消毒的方法。
3. 掌握栽培畦的类型、规格、特点。
4. 了解移栽定植密度和移栽定植方法。

（二）能力目标

1. 根据设施的使用情况，完成栽培设施的消毒。
2. 依据蔬菜生产要求确定土壤翻耕的时间、深度，完成整地、施肥、做畦等操作。
3. 根据畦的类型和规格，完成开沟、开穴等操作。
4. 按照蔬菜移栽定植的深度、密度，完成移栽、定植等操作。
5. 根据环境条件，完成移栽定植后的浇水、覆膜等操作。

（三）素质目标

1. 培养学生适应风吹、雨淋、日晒的工作环境，并经常与泥土、蚊虫、粪肥打交道的职业能力。
2. 在生产操作过程中，培养学生对于种子、农药、化肥、床土等耗材进行成本核算的管理意识。
3. 通过让学生分组合作完成设施蔬菜的种、管、收操作，培养学生对于设施蔬菜生产的职业责任心。
4. 在生产操作过程中，培养学生遇到生产技术问题积极查找资料，有效进行团队的沟通、讨论、研究，进而解决问题并承担责任的职业素养。

5. 通过完成正确的生产操作以及反复进行的常规操作，培养学生严谨认真、精益求精的工作态度。

6. 通过主动学习国家职业标准、企业标准以及各类证书的认证标准，培养学生遵守职业标准严格、操作规范安全、履行工作职责认真的思想和行为习惯。

二、基础知识

（一）蔬菜生产设施

1. 简易设施

（1）风障畦（见图2－4、2－5、2－6）

①类型

第一，完全风障；第二，简易风障；第三，小风障。

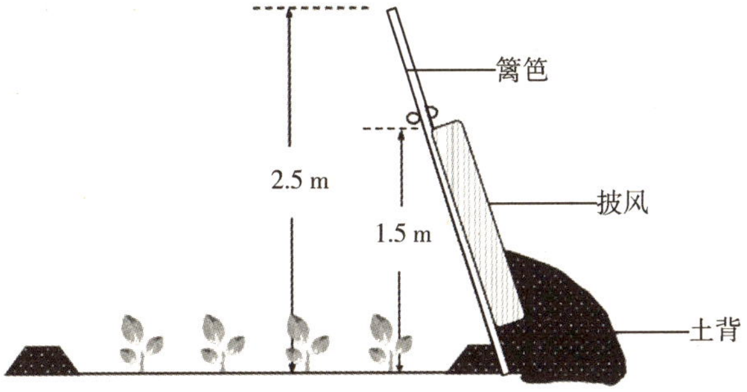

图2－4 完全风障

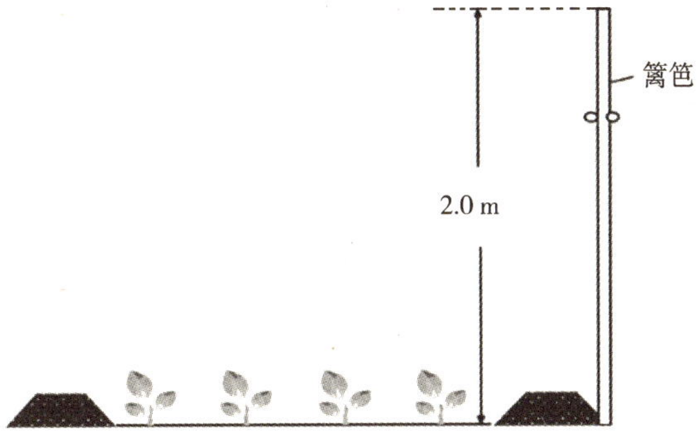

图2－5 简易风障

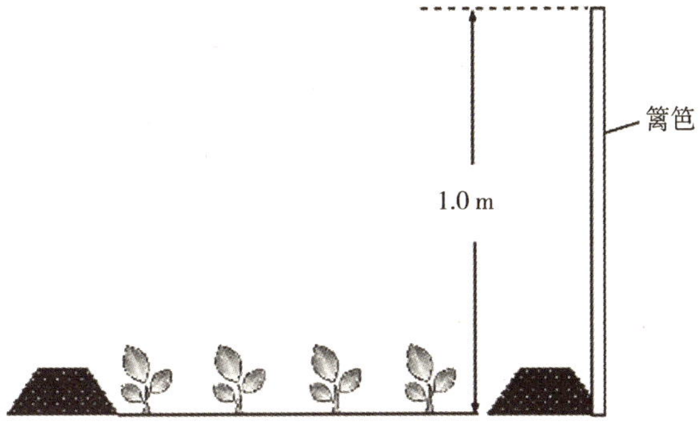

图2－6 小风障

②性能（见图2－7）

第一,防风效应;第二,增温效应。

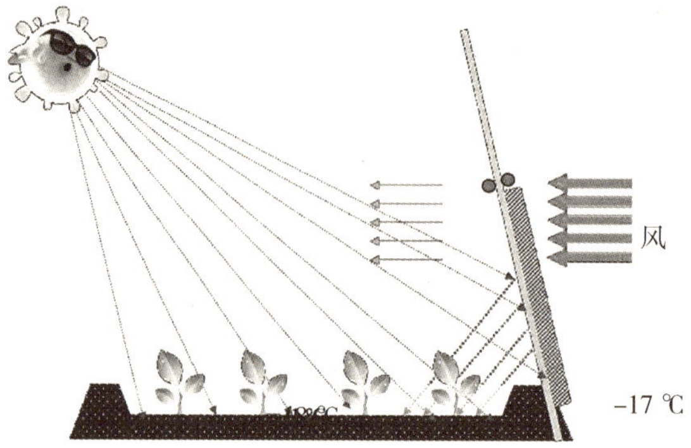

图 2-7　风障性能

③设置

第一,风障的方位和角度。风障的设置方向与当地的季候风方向垂直时,防风效果最好。风障夹设的角度:冬春季以 70~75°为好;入夏后为防止遮阴,以 90°(垂直)为好。也就是说,冬季角度宜小,以增强受光、加强保温;夏季角度宜大,以避免遮阴。简易风障多采用垂直方式设立。

第二,风障的距离。风障的设置距离应根据风障的类型及生产季节而定。一般情况下,完全风障主要在冬春季使用,2 排风障间的距离为 5~7 m;简易风障主要用于春季及初夏,2 排之间的距离为 8~14 m;小风障 2 排之间的距离为 1.5~3.3 m。需要指出的是,大、小风障可配合使用。

第三,风障的长度和排数。设置时,应根据防风效果以及地块的实际情况而定,通常长排风障比短排风障、多排风障比少排风障的防风效果好。

④应用

风障畦主要用于幼苗的防寒越冬、耐寒蔬菜的越冬以及茄果类和叶菜类蔬菜的春季提早栽培。

(2)阳畦(见图 2-8、2-9)

①类型

第一,槽子畦;第二,抢阳畦。

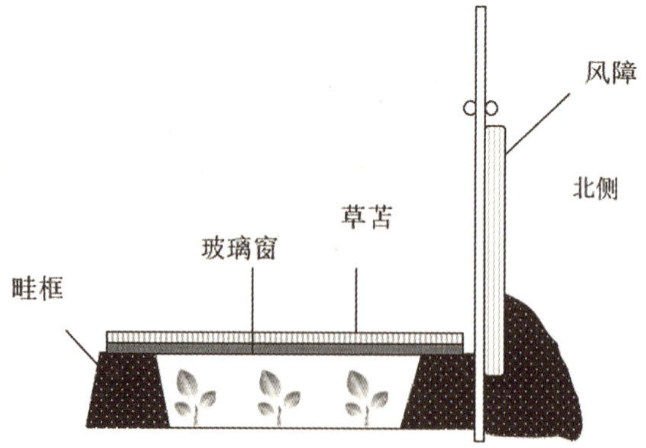

图 2-8　槽子畦

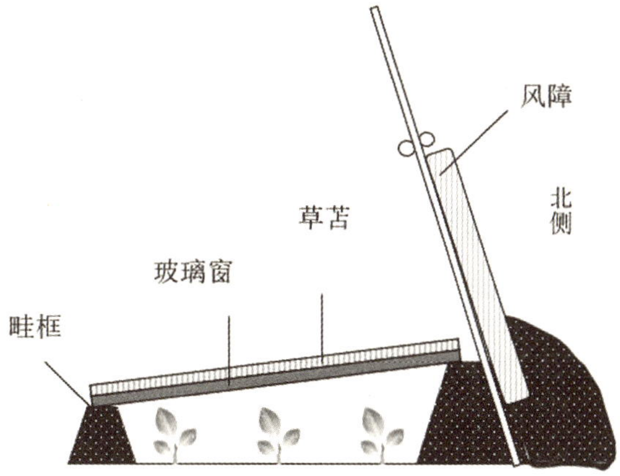

图 2－9　抢阳畦

②性能

白天利用太阳光来增温，夜间由畦框、覆盖物等起到防寒保温的作用。

③设置

第一，槽子畦。其南北两框接近等高，四框做成后近似槽形，故名槽子畦。一般框高为 30 ~ 50 cm，框宽为 35 ~ 40 cm，畦面宽为 1.7 m，畦长为 6 ~ 10 m。

第二，抢阳畦。其北框高于南框，东西两框为坡形，凹框做成后向南呈坡面，故名抢阳畦。

④应用

阳畦主要用于蔬菜的早熟栽培、秋延后栽培、冬春季节育苗、采种和假植贮藏等。

(3) 温床（见图 2－10、2－11）

①类型

第一，酿热温床；第二，电热温床。

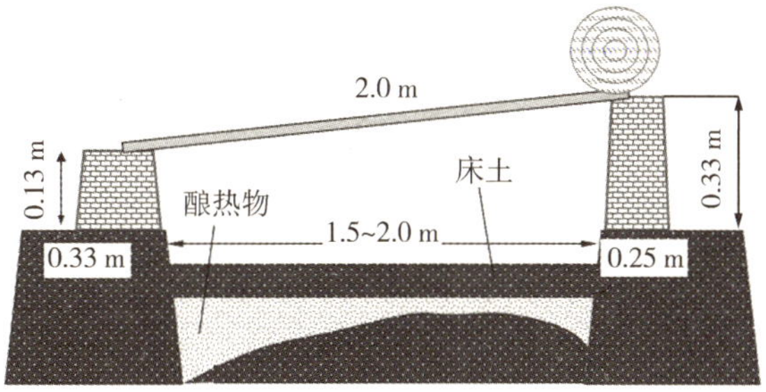

图 2－10　酿热温床

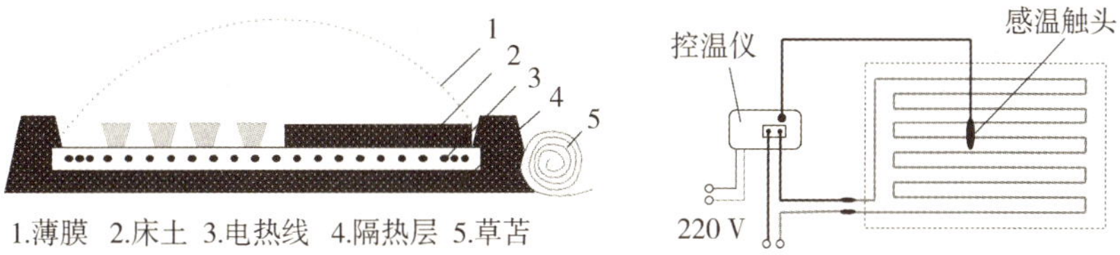

图 2－11　电热温床

②性能

温床除利用太阳辐射热外，还需人为加热，以维持一定的温度。温床的保温性能高于阳畦。

③设置

温床的结构与阳畦相仿。常用温床的床框宽为 1.3 ~ 1.6 m，长约为 4 m，前框高为 20 ~ 25 cm，后框高为 30 ~ 50 cm。对于酿热温床来说，为了在提高温床保温能力的同时增加光照，床面上多安装玻璃框，四周床框用砖砌筑，床内的深度根据所填充酿热物的厚度来决定（酿热物厚度的大小由床内所需温度的高低确定）。

④应用

温床主要用作不耐寒蔬菜越冬栽培的栽培床。

（4）地膜覆盖

①类型

地膜覆盖分为平畦、高垄、高畦、沟畦和支拱覆盖五种类型（见图 2－12）。

图 2－12　地膜覆盖的类型

②性能及应用

第一，保温保墒；第二，防涝降湿；第三，改善土壤理化性状；第四，增加光照。

2. 越夏栽培设施

（1）遮阳网

①类型

遮阳网有黑、银灰、白、黑绿等颜色，生产上使用最多的是 35% ~65% 黑网。

②性能

第一，降低光照强度；第二，降低地温、气温；第三，保水；第四，减弱暴雨冲击；第五，减少病虫害发生。

③覆盖方式

第一，浮面覆盖，分为播种后浮面覆盖和缓苗期浮面覆盖（见图 2－13）。

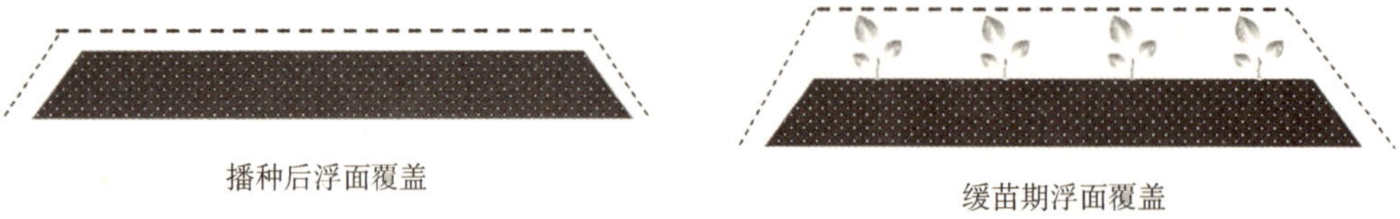

图 2－13　浮面覆盖

第二，小棚覆盖（见图 2－14）。

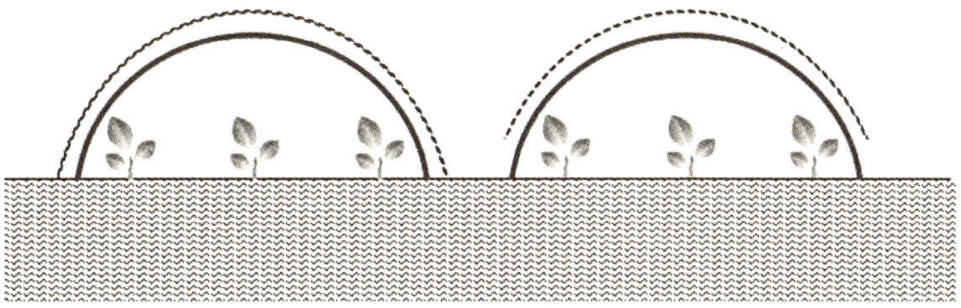

图 2－14　小棚覆盖

第三，平棚覆盖（见图 2－15）。

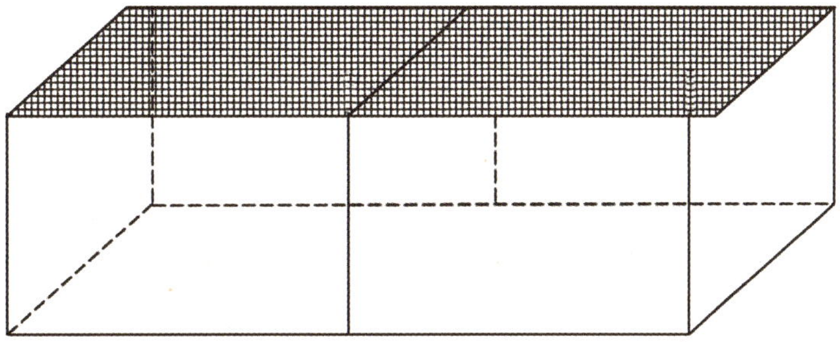

图 2－15　平棚覆盖

第四，大棚覆盖，分为棚顶固定式和内悬挂式（见图 2－16）。

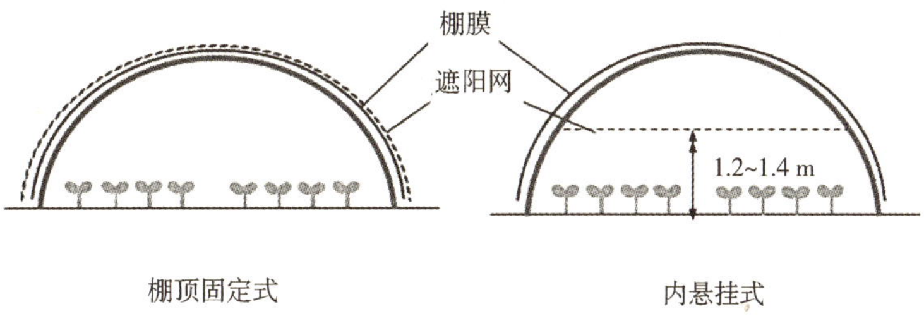

图 2－16　大棚覆盖

④使用注意事项

第一，晴天盖，阴天揭；第二，遮阳网种类依据蔬菜种类、栽培季节确定；第三，遮阳网覆盖方式依据栽培目的选择。

（2）防雨棚

防雨棚是指将塑料薄膜等覆盖材料扣在大棚或小棚顶部，使得棚内蔬菜作物在雨季免受雨水直接淋洗的栽培设施。

（3）防虫网

①类型（见图 2－17）

防虫网的规格一般为 20 目、24 目、30 目、40 目，幅宽尺寸为 100 cm、120 cm、150 cm 等。

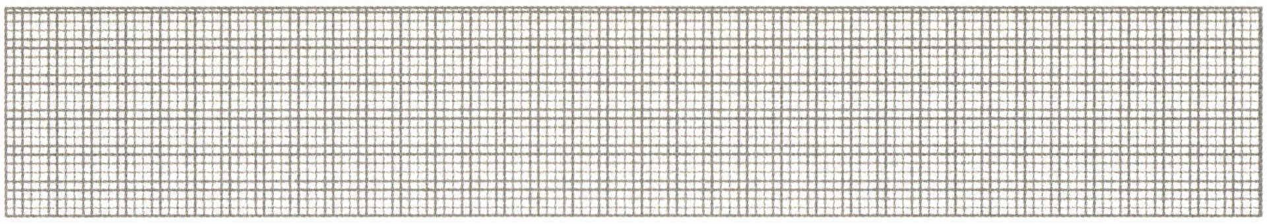

图2－17　防虫网

②覆盖方式（见图2－18）

第一，完全覆盖；第二，部分覆盖。

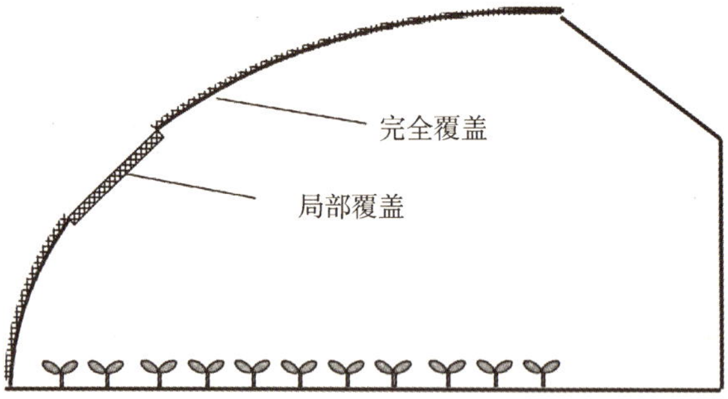

图2－18　防虫网覆盖方式

③作用（见图2－19）

第一，防虫；第二，遮光降温；第三，防冰雹、防暴雨。

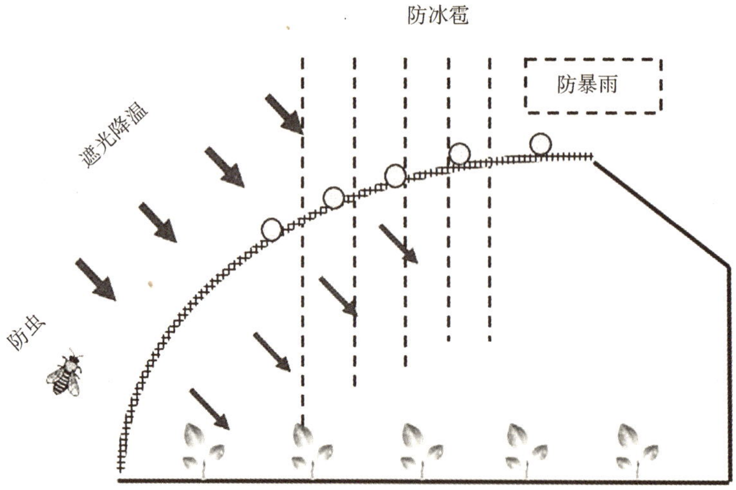

图2－19　防虫网作用

3. 塑料拱棚

(1)塑料大棚

①骨架结构(见图 2－20)

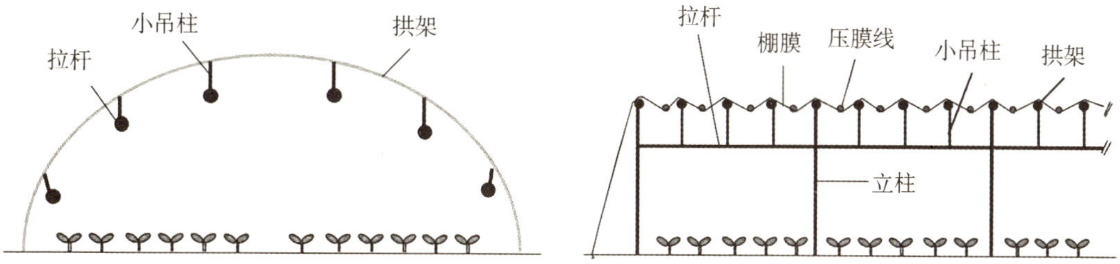

图 2－20　骨架结构

②类型

第一,竹木结构大棚(见图 2－21)。

1.门 2.立柱 3.拉杆 4.小吊柱 5.拱架 6.压杆(压膜线)

图 2－21　竹木结构大棚

第二,钢架无柱结构大棚(见图 2－22)。

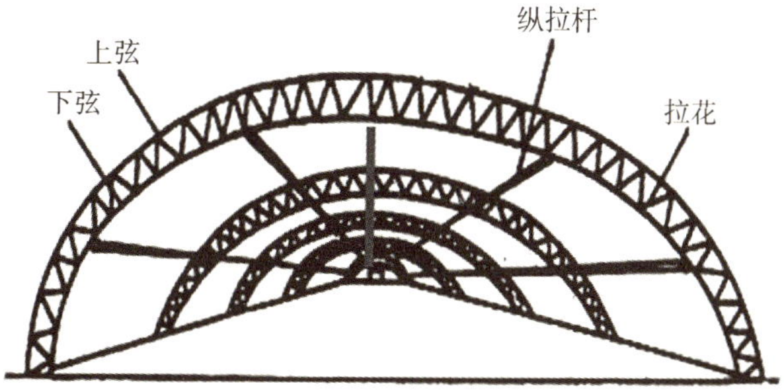

图 2－22　钢架无柱结构大棚

第三,管架结构大棚(见图 2－23)。

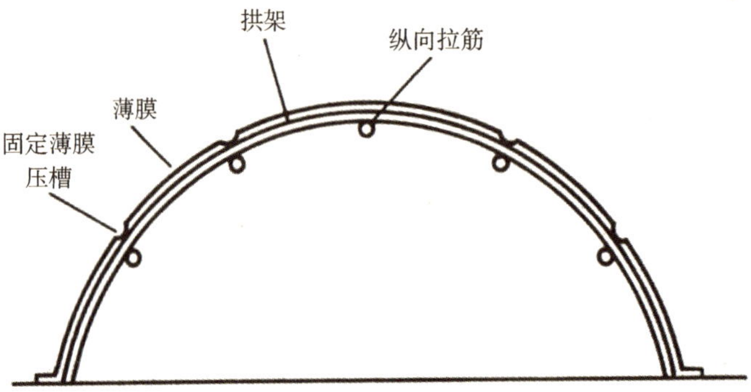

图 2-23　管架结构大棚

第四，钢竹混合结构大棚（见图 2-24）。

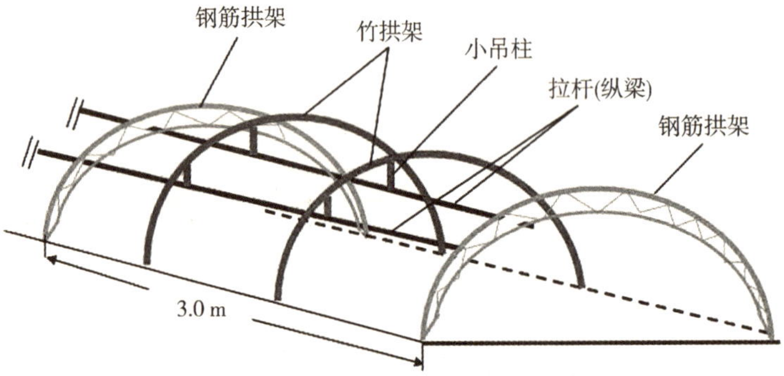

图 2-24　钢竹混合结构大棚

（2）塑料中棚（见图 2-25）

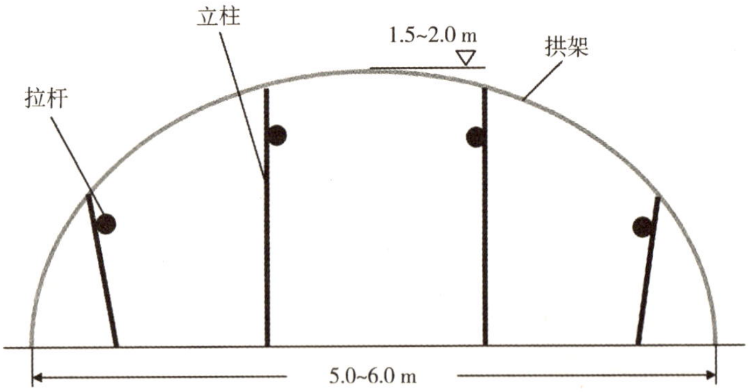

图 2-25　塑料中棚

（3）小拱棚

①骨架结构

小拱棚是指管理人员不能在棚内进行操作的拱棚，一般是将细竹竿、竹片、荆条或钢筋等弯曲成拱形骨架，然后在骨架上覆盖塑料薄膜而成的。棚高一般为 0.5~1 m，宽为 1~2 m，长为 10~12 m。

②类型

小拱棚分为拱圆型、加风障拱圆型、半墙拱圆型、单斜面型 5 种类型（见图 2-26）。

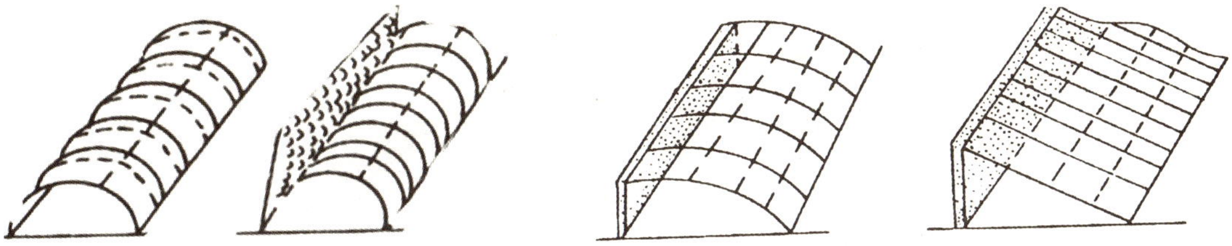

图 2－26　小拱棚类型

4. 温室

(1)日光温室

①结构(见图 2－27)

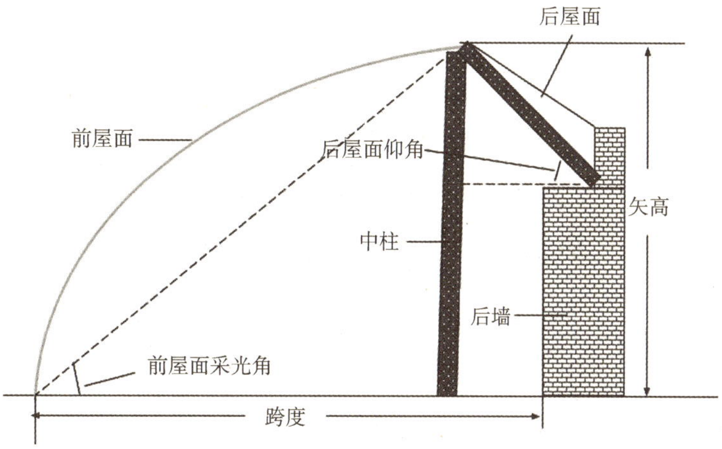

图 2－27　日光温室结构

②类型

第一,竹木结构温室(长后坡矮后墙式,见图 2－28)。

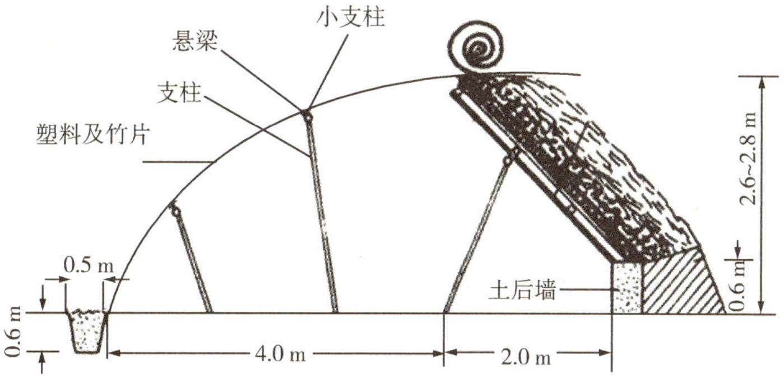

图 2－28　竹木结构温室(长后坡矮后墙式)

第二,竹木结构温室(短后坡高后墙式,见图 2－29)。

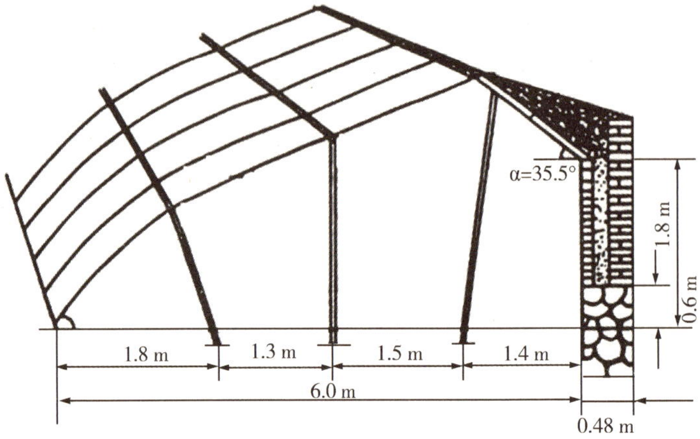

图 2－29　竹木结构温室(短后坡高后墙式)

第三,钢竹混合结构温室(琴弦式,见图 2－30)。

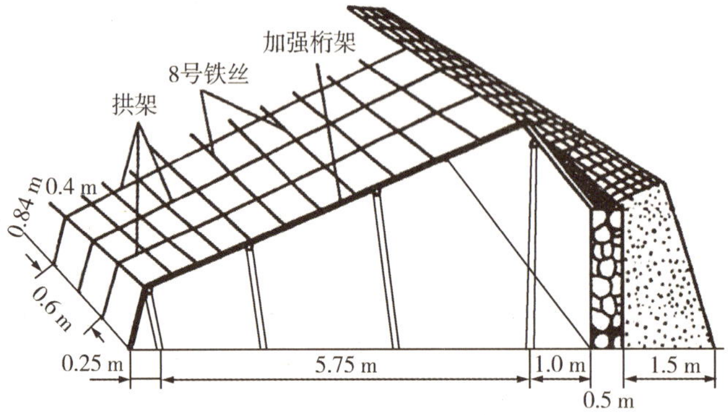

图 2－30　钢竹混合结构温室(琴弦式)

第四,钢竹混合结构温室(半圆拱型,见图 2－31)。

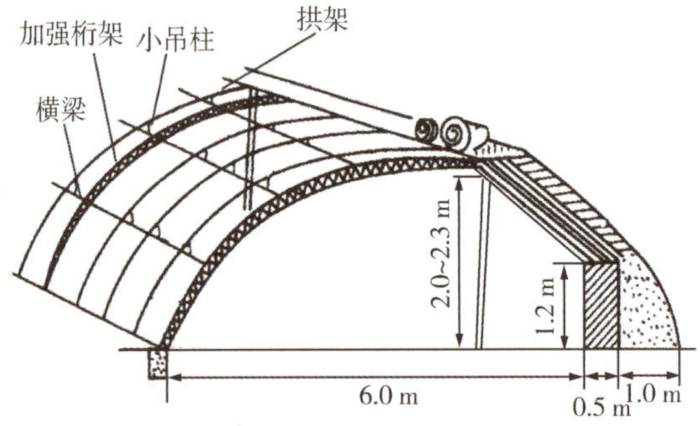

图 2－31　钢竹混合结构温室(半圆拱型)

第五,钢架无柱结构温室(半圆拱型,见图 2－32)。

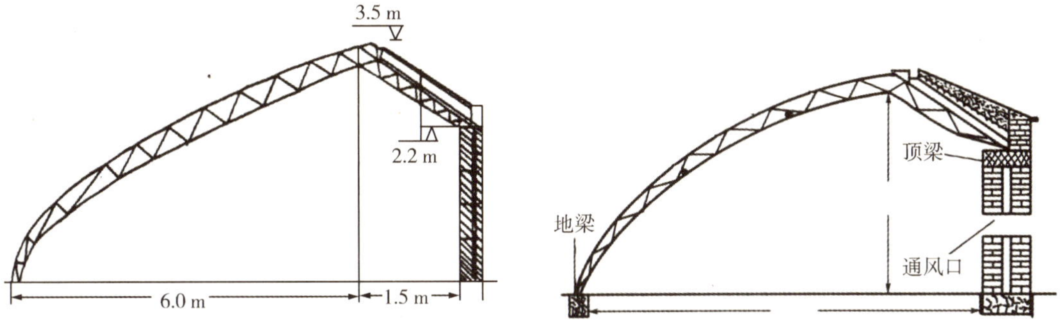

图 2－32　钢架无柱结构温室(半圆拱型)

(2)现代化温室

①类型

第一,屋脊型连栋温室(见图 2－33)。

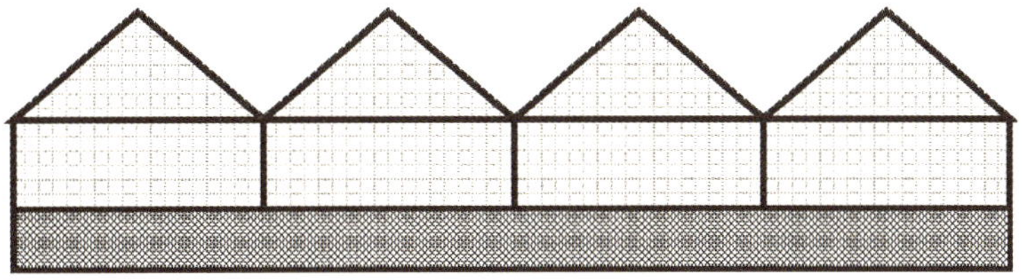

图 2－33　屋脊型连栋温室

第二,拱圆型连栋温室(见图 2－34)。

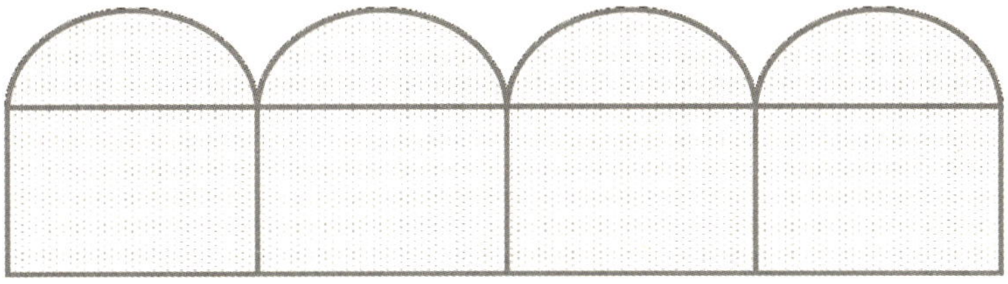

图 2－34　拱圆型连栋温室

②配套设备

现代温室除主体骨架外,还可根据情况配置各种配套设备,以满足不同的需求。配套设备主要包括通风系统、灌溉和施肥系统、加热系统、降温系统、帘幕系统、补光系统、补气系统、计算机自动控制系统以及温室内常用作业机具等。

(二)设施消毒

1. 棚室消毒

在经过 2 年以上的生产后,播种或定植前 7～10 d,棚室必须进行消毒。

(1)硫黄熏蒸消毒

该消毒方法需要先将棚室密闭几天,然后在晴天进行。对于棚室内的空间来说,硫黄的用量为 4 g/m^3(可适量混拌锯末等)。具体操作:在地面每隔 2 m 距离撒一层硫黄,并倒上少量酒精;点燃并密闭 24 h 后,放风排烟。

(2)百菌清烟熏剂消毒

采用该方法消毒时,45% 百菌清烟熏剂的用量为每 667 平方米 200～250 g。具体操作:将药剂在棚室内均匀放置后，点燃并立即密闭棚室 2 ~ 3 h；每隔 7 ~ 10 d 烟熏 1 次。烟熏连续进行 3 次以上，效果更为显著。

2. 大棚骨架及辅助设施消毒

大棚骨架及辅助设施可用 1% ~2% 甲醛喷洒或洗刷后密封消毒，也可用浓度为 30 mg/L 的敌克松溶液消毒。

3. 土壤消毒

设施内的土壤消毒需要结合农业防治、物理防治、生态防治等措施，并且一般在换茬的闲置时间进行。土壤消毒的方法主要有：阳光消毒、蒸汽消毒、药剂消毒、热水消毒、熏蒸消毒和大水漫灌消毒等。

（三）整地定植

1. 整地做畦

（1）整地

整地的目的是改善土壤的耕层结构和表层状况。加深耕层，平整地面，调节土壤的水、肥、气、热等因素，可以为蔬菜的播种、出苗或定植、生长发育创造适宜的土壤环境条件。

整地分为春整地、秋整地。秋整地一般在秋季蔬菜采收后、土壤尚未结冻前进行。春整地包括在春季对没有进行秋整地的地块进行翻耕，以及对已经完成秋整地的地块进行耙磨、镇压、保墒等操作。

（2）做畦

畦的类型依气候条件、土壤条件、作物种类等的不同而有所差异，常见的有平畦、低畦、高畦和垄等。

①平畦

平畦是指地面平整后，不需要筑成畦沟或畦埂，畦面与畦间操作通道相平的畦。采用平畦可以节约畦沟所占的面积，提高土地利用率，增加单位面积产量。通常排水良好、雨量均匀、不需经常灌溉的地区采用平畦，而地下水位高的地方则不用平畦。平畦可采用喷灌、滴灌、渗灌等现代灌溉方式。

②低畦

低畦的畦面宽，畦面间有畦埂，并且畦面低于畦间通道。此畦有利于蓄水和灌溉，一次灌水量大，并且畦面低洼，因此土壤失水慢，保湿性好。但是，低畦浇水后地面容易板结，从而会影响土壤透气，阻碍蔬菜生长。此外，低畦浇水后，土壤湿度长时间偏高，既容易诱发蔬菜病害，也容易通过流水传播病害。地下水位低、排水良好、气候干燥的地区适宜采用低畦。

③高畦

高畦的畦面较宽，畦面间挖有灌溉沟或排水沟，并且畦面高于畦间通道。高畦通风性好，畦面比较干燥，有利于防病，也适合种植嫁接蔬菜。南方在夏季若采用深沟高畦栽培，则沟内存水有利于降低地温。高畦的缺点是畦面过宽，以至于往往浇不透水，并且浇水的均匀性也不佳。高畦适用于南方多雨地区，北方种植喜湿怕涝性蔬菜以及采用地膜覆盖栽培时，也大多采用高畦。此外，蔬菜嫁接栽培、滴灌栽培也适合采用高畦。

④垄

垄的畦面为拱形。垄底宽为 60 ~ 70 cm，顶部稍窄；垄面呈圆弧形，高为 10 ~ 15 cm；垄间距为

60～65 cm。垄的畦面较窄，因此容易浇透水且浇水质量好；可以控制浇水量，有利于控制土壤湿度；适合进行地膜下浇水，以控制地面水分蒸发；春季地温上升快，有利于蔬菜生长；雨季排水方便，并且浇水时不直接浸泡植株，可减轻病害传播。但是，垄的制作比较麻烦，并且垄沟占地较多，因此土地利用率不高。此外，生产结束后，平整垄沟也较为费工。垄适用于植株较大、单行种植的蔬菜，如大白菜、大型萝卜、结球甘蓝等。进行设施栽培时，为了便于控制土壤湿度以及进行地膜下浇水，也大多采用垄。

2. 定植时间和方法

将育苗床、营养钵里达到定植生理苗龄的蔬菜秧苗，移栽到栽培设施内的操作称为定植。

（1）定植时间

定植时间主要依据当地的气候条件、蔬菜种类和栽培目的等来确定。定植时，对于耐寒蔬菜来说，10 cm 土层温度应稳定在 5～10 ℃；对于喜温蔬菜，10 cm 土层温度应稳定在 10～15 ℃。北方春季定植应选无风的晴天进行，最好定植后有 2～3 d 的晴天；南方定植需要选择无风的阴天或晴天的傍晚进行。

（2）定植方法

①明水定植法：按要求的株、行距开定植沟（穴），在沟内（穴内）栽苗，然后浇水、覆土、覆膜。

②暗水定植法：按要求的株、行距开沟（穴），并按沟（穴）浇水，待水渗下后再在沟内（穴内）栽苗，然后封沟（穴）、覆土、覆膜。

3. 定植深度

①按蔬菜的生物学特性确定定植深度

易生不定根、深根性蔬菜作物，宜适当深栽，如番茄、茄子等；浅根性蔬菜作物，为便于根系吸收水分、养分，宜浅栽，如黄瓜等。

②按季节确定定植深度

早春定植宜浅栽，夏季定植可以适当深栽。

③按土壤条件确定定植深度

地势低洼、地下水位高的地方，宜浅栽；土质比较疏松、地下水位低的地方，则可适当深栽。

4. 定植密度

定植密度因蔬菜种类和栽培方式的不同而有所不同。其中，爬地生长的蔓性蔬菜、肉质根类蔬菜、结球蔬菜、晚熟品种蔬菜，或者蔬菜的栽培条件适宜时，定植密度宜小一些；直立生长蔬菜、支架栽培蔬菜、茄果类蔬菜、瓜类蔬菜、早熟品种蔬菜、以幼小植株为产品的绿叶类蔬菜，或者蔬菜的栽培条件不良时，定植密度宜大一些。

三、操作实施

（一）情境导入

1. 研讨生产问题

（1）生产单位汇报

①根据生产日志、生产手册的记录，汇报本周蔬菜秧苗的生长情况、管理情况。

②提出管理过程中出现的不能解决的问题。

③分享在记录、观察、管理过程中自己认为有意义的情况。

(2)教师指导

①解决生产过程中出现的问题。

②给出正确的操作标准。

③分享学生在操作中获得的实用经验。

④总结相关的知识、操作要点。

2. 实践实习

由于学院的实践实习基地进入了早春棚室蔬菜生产季节,并且温室、大棚是第一年投入生产,因此,学院将本年度的设施蔬菜生产工作交给了农业与食品科技分院园艺技术专业的学生来完成。

(二)任务布置

1. 角色转变

全班学生分成4个小组,教师、学生进行角色转变

(1)每个小组为一个生产单位。

(2)学生角色:公司CEO、材料员、技术员、信息采集员、销售员、成本核算员。在每个生产单位中,每个学生所担任的职务都由该生产单位自行安排。

(3)教师为公司的老板。

2. 成绩记录

检查生产单位的任务完成情况时,以生产单位的操作进行评价;考核任务完成过程中个人的操作时,以个人的成绩进行记录。

3. 材料领取

本次任务所需材料的明细由各生产单位自行提交,教师按明细提供。材料若有丢失、损坏,则将记入每个单位的生产成本。

4. 操作任务

根据蔬菜的生产情况,完成各种设施的选择、消毒以及整地、做畦、定植等操作。

(三)操作准备

材料设备及药剂:温室、大棚、小型旋耕机、铁锹、镐、耙子、喷壶、水管、塑料薄膜以及设施消毒所需药剂和消毒设备等。

(四)操作规范

1. 设施消毒

(1)清理棚室

蔬菜生产结束后,要及时清除蔬菜残株、杂草及塑料薄膜等。

(2)施肥翻耕

首先,向土壤中施入腐熟的有机肥;其次,将土壤深翻 30 cm;最后,按蔬菜种植的起垄标准起好垄。

(3)棚室消毒

消毒一般在播种或定植前 7～10 d 进行,方法为:用硫黄熏蒸消毒 24 h 后,放风排烟,或者用百菌清烟熏消毒,每隔 7～10 d 烟熏 1 次,连续 3 次以上。

2. 土壤消毒

(1)喷淋、浇灌法

该方法是指将药剂用清水稀释到一定浓度,然后用喷雾器将药液喷淋于土壤表层,或者直接将药液灌溉到土壤中,以杀死土中病菌。

(2)毒土法

毒土法是指先将药剂配成毒土,然后再施用以杀死病菌。

(3)熏蒸消毒法

该方法是指用土壤注射器(土壤消毒机)将熏蒸药剂注入土壤中,然后在土壤表面盖上薄膜等覆盖物,使得药剂在密封或半密封的设施中扩散,以杀死病菌。

(4)高温消毒

该方法是指待温室、大棚等设施内的作物采收后,连根拔除田间老株,同时多施有机肥料;然后把地翻平整好,在 7、8 月份气温达到 35 ℃以上时,用薄膜将地覆盖好,并密闭 15～20 d。这样地温可升至 50～60 ℃,从而能够起到杀菌消毒的作用。

3. 整地做畦

(1)清除杂草

这是指徒手或用锄头、镰刀、耙子等工具,将棚室内的杂草、枯枝以及垃圾、石块等杂物清除。

(2)浅耕灭茬

这是指进行表土作业,深度为 5～10 cm,目的是除掉农作物残茬、杂草,以减轻耕地阻力。翻地前,可将基肥撒施在地上,通过耕翻将残茬、秸秆以及其他肥料翻入土中。

(3)耕翻土壤

耕翻土壤在春秋两季进行,秋耕一般在浅耕灭茬后半个月进行,春耕在土壤化冻后立即进行。翻耕深度视育苗要求和苗圃条件而定,播种苗区一般为以 20～30 cm,营养繁殖区和移植区以 30～35 cm 为宜。黏重土壤的翻耕深度应适当深些。

(4)耙地

耙地的作用是耙碎土块、混合肥料、平整土地、清除杂草、保蓄水分。耙地要在耕地后立即进行,以防止水分散失并保墒。

(5)镇压

镇压是在耙地后或播种前进行的一项整地措施,作用是破碎土块、压实松土层、促进耕作层毛细管畅通。镇压适用于土壤孔隙度大的耕地、盐碱地及早春风大地区的耕地。含水量大的土壤不可镇压。

(6)做畦

为了管理上的方便和蔬菜生长的需要,整地后应立即做畦。

高畦：畦面比畦间步道高 10～20 cm，具有提高地温、加厚耕层、便于排水等优点。雨水较多、地下水位高、地势低洼的地区多采用高畦。

平畦：畦面与畦间步道高度相平，因保水性好，故适合地下水位低、风势较强、土层深厚、排水良好的地区采用。

低畦：畦面比畦间步道低 10～15 cm，保水力强。降雨量少、易干旱的地区适合采用低畦。

垄：底宽为 60～70 cm，高为 15～20 cm，间距为 40～50 cm。

此外，畦的宽度一般以 1.3～1.5 m 为宜，过宽则不便于操作管理；太窄则步道增多，致使土地利用率减少。做畦时，畦面要保持平整。

4. 定植

（1）明水定植步骤：开穴（沟）→施底肥→栽苗→灌水→封穴→覆膜→浇缓苗水，或者开穴（沟）→施底肥→覆膜→栽苗→灌水→封穴→浇缓苗水。

（2）暗水定植步骤：开穴（沟）→施底肥→灌水→栽苗→封穴→覆膜→浇缓苗水，或者开穴（沟）→施底肥→覆膜→灌水→栽苗→封穴→浇缓苗水。

（五）操作记录

操作记录按表 2－10 的形式填写。

表 2－10　蔬菜生产设施的类型

<table>
<tr><th>序号</th><th colspan="3">类型名称</th><th>性能及应用</th><th>覆盖方式</th></tr>
<tr><td rowspan="12">1</td><td rowspan="12">简易设施</td><td rowspan="3">风障畦</td><td></td><td rowspan="3"></td><td></td></tr>
<tr><td></td><td></td></tr>
<tr><td></td><td></td></tr>
<tr><td rowspan="2">阳畦</td><td></td><td rowspan="2"></td><td></td></tr>
<tr><td></td><td></td></tr>
<tr><td rowspan="2">温床</td><td></td><td rowspan="2"></td><td></td></tr>
<tr><td></td><td></td></tr>
<tr><td rowspan="5">地膜覆盖</td><td></td><td rowspan="5"></td><td></td></tr>
<tr><td></td><td></td></tr>
<tr><td></td><td></td></tr>
<tr><td></td><td></td></tr>
<tr><td></td><td></td></tr>
<tr><td rowspan="7">2</td><td rowspan="7">越夏
栽培设施</td><td rowspan="4">遮阳网</td><td></td><td rowspan="4"></td><td></td></tr>
<tr><td></td><td></td></tr>
<tr><td></td><td></td></tr>
<tr><td></td><td></td></tr>
<tr><td colspan="2">防雨棚</td><td></td><td></td></tr>
<tr><td rowspan="2">防虫网</td><td rowspan="2"></td><td rowspan="2"></td><td></td></tr>
<tr><td></td></tr>
</table>

续表

序号	类型名称			性能及应用	覆盖方式
3	塑料拱棚	塑料大棚			
		塑料中棚			
		小拱棚			
4	温室	日光温室			
		现代化温室			

四、知识总结

1. 温室早春番茄生产的整地做畦。

2. 大棚番茄、茄子、辣椒和黄瓜生产的定植时间、密度、深度和方法。

3. 资料查找。

目前黑龙江省哈尔滨市主要采用哪种类型的温室、大棚进行蔬菜生产？棚室内主要生产的蔬菜有哪些？茬口是如何安排的?。

五、知识拓展

(一)主要蔬菜定植时间和方法

组织学生观看视频，了解各种蔬菜的定植时间和方法。

(二)观光园艺

组织学生观看视频,了解观光园艺的现状与展望。

六、任务拓展

(一)温室土壤高温消毒操作

温室土壤高温消毒操作记录按表2-11的形式填写。

表2-11 温室土壤高温消毒

序号	消毒方法	操作步骤
1	太阳能消毒	
2	高温闷土消毒	

(二)大棚黄瓜明水定植

大棚黄瓜明水定植操作记录按表2-12的形式填写。

表2-12 大棚黄瓜明水定植

序号	定植方法	操作步骤
1	大棚黄瓜明水定植	

(三)大棚辣椒暗水定植

大棚辣椒暗水定植操作记录按表2-13的形式填写。

表 2－13　大棚辣椒暗水定植

序号	定植方法	操作步骤
1	大棚辣椒暗水定植	

七、任务考核

考核分为操作考核和综合考核。

(一)操作考核

操作考核按表 2－14 的内容进行。

表 2－14　操作技能鉴定试题评分表

学生姓名：

<table>
<tr><td colspan="2">试题名称</td><td colspan="3">棚室蔬菜定植操作</td><td colspan="3">鉴定时限</td><td colspan="3">25 min</td></tr>
<tr><td colspan="2" rowspan="2">评价要素</td><td rowspan="2">配分</td><td rowspan="2">等级</td><td rowspan="2">评分细则</td><td colspan="5">评定等级</td><td rowspan="2">得分</td></tr>
<tr><td>A</td><td>B</td><td>C</td><td>D</td><td>E</td></tr>
<tr><td rowspan="5">定植前准备</td><td rowspan="5">工具使用、浇水、炼苗</td><td rowspan="5">4</td><td>A</td><td>完全正确</td><td rowspan="5"></td><td rowspan="5"></td><td rowspan="5"></td><td rowspan="5"></td><td rowspan="5"></td><td rowspan="5"></td></tr>
<tr><td>B</td><td>基本正确(少 1 项或错 1 项)</td></tr>
<tr><td>C</td><td>部分错误(少 3 项或错 3 项)</td></tr>
<tr><td>D</td><td>部分正确(对 1 项)</td></tr>
<tr><td>E</td><td>差或未答题</td></tr>
<tr><td rowspan="5">整地做畦</td><td rowspan="5">整地方法、畦的类型</td><td rowspan="5">4</td><td>A</td><td>完全正确</td><td rowspan="5"></td><td rowspan="5"></td><td rowspan="5"></td><td rowspan="5"></td><td rowspan="5"></td><td rowspan="5"></td></tr>
<tr><td>B</td><td>错 1 项</td></tr>
<tr><td>C</td><td>错 2 项</td></tr>
<tr><td>D</td><td>错 3 项</td></tr>
<tr><td>E</td><td>差或未答题</td></tr>
<tr><td rowspan="5">定植操作</td><td rowspan="5">开沟(穴)、摆苗、浇水、覆膜、封穴</td><td rowspan="5">10</td><td>A</td><td>完全正确</td><td rowspan="5"></td><td rowspan="5"></td><td rowspan="5"></td><td rowspan="5"></td><td rowspan="5"></td><td rowspan="5"></td></tr>
<tr><td>B</td><td>基本正确</td></tr>
<tr><td>C</td><td>部分错误</td></tr>
<tr><td>D</td><td>与实际要求相差较大</td></tr>
<tr><td>E</td><td>差或未答题</td></tr>
</table>

续表

<table>
<tr><td colspan="2">试题名称</td><td colspan="3">棚室蔬菜定植操作</td><td colspan="4">鉴定时限</td><td colspan="3">25 min</td></tr>
<tr><td colspan="2" rowspan="2">评价要素</td><td rowspan="2">配分</td><td rowspan="2">等级</td><td rowspan="2">评分细则</td><td colspan="5">评定等级</td><td rowspan="2">得分</td></tr>
<tr><td>A</td><td>B</td><td>C</td><td>D</td><td>E</td></tr>
<tr><td rowspan="5">文明操作</td><td rowspan="5">操作是否熟练，场地是否清洁</td><td rowspan="5">2</td><td>A</td><td>操作熟练，场地清洁，工具整理到位</td><td rowspan="5"></td><td rowspan="5"></td><td rowspan="5"></td><td rowspan="5"></td><td rowspan="5"></td><td rowspan="5"></td></tr>
<tr><td>B</td><td>操作熟练，场地较清洁，工具整理基本到位</td></tr>
<tr><td>C</td><td>操作熟练，场地一般清洁，工具未全部整理到位</td></tr>
<tr><td>D</td><td>操作不熟练，场地脏乱，工具乱放</td></tr>
<tr><td>E</td><td>差或未答题</td></tr>
<tr><td colspan="2">合计配分</td><td>20</td><td colspan="7">合计得分</td><td></td></tr>
</table>

考评员(签名)：

(二)综合考核

综合考核按表2－15进行，评定等级系数见表2－16。

表2－15 项目教学评价表

<table>
<tr><td colspan="2">学生姓名</td><td>日期</td><td colspan="2">课程项目名称</td><td>指导教师</td></tr>
<tr><td colspan="2"></td><td></td><td colspan="2"></td><td></td></tr>
<tr><td rowspan="6">课上评价(50分)</td><td>预习实验内容</td><td>遵守安全操作规程</td><td>实验产品质量、数量</td><td>学生操作过程中表现</td><td>实验操作</td></tr>
<tr><td rowspan="2">能认真预习实验内容(5分)</td><td rowspan="2">符合操作规程(5分)</td><td>质量很好，达到规定数量(12分)</td><td>好(8分)</td><td>操作规范、精确(20分)</td></tr>
<tr><td>质量好，没有达到规定数量(8分)</td><td>一般(3分)</td><td>操作规范、正确(15分)</td></tr>
<tr><td rowspan="2">没预习实验内容(0分)</td><td rowspan="2">不符合操作规程(0分)</td><td>质量一般，达到规定数量(4分)</td><td>不好(0分)</td><td>操作基本规范(12分)</td></tr>
<tr><td>质量不好，数量不足(0分)</td><td>—</td><td>操作不规范、偏差大(6分)</td></tr>
<tr><td></td><td></td><td></td><td></td><td></td></tr>
</table>

续表

<table>
<tr><td>学生姓名</td><td>日期</td><td colspan="2">课程项目名称</td><td>指导教师</td></tr>
<tr><td></td><td></td><td colspan="2"></td><td></td></tr>
<tr><td rowspan="6">课下
评价
(50分)</td><td>协助教师准备实验所用仪器设备、材料和药品等</td><td>完成生产调查表的书写、记录并汇报情况</td><td>实验成果质量</td><td>保持仪器完好及实验场地整洁</td></tr>
<tr><td>积极主动协助(10分)</td><td>积极提问,独立完成(10分)</td><td>实验成果质量很好,数量多(20分)</td><td>实验结束后整理好场地,仪器设备完好(10分)</td></tr>
<tr><td>主动协助(5分)</td><td>独立完成(8分)</td><td>实验成果质量好,数量较多(15分)</td><td>实验结束后不整理场地,或仪器设备有损坏(0分)</td></tr>
<tr><td>被动协助(2分)</td><td>抄袭别人(0分)</td><td>实验成果质量一般,数量少(12分)</td><td>—</td></tr>
<tr><td>不协助(0分)</td><td>—</td><td>实验成果质量不好,数量不足或无(6分)</td><td>—</td></tr>
<tr><td></td><td></td><td></td><td></td></tr>
<tr><td rowspan="2">综合考评</td><td>优秀
(得分≥95分)</td><td>良好(95分>得分≥90分)</td><td>合格(90分>得分≥85分)</td><td>不合格
(得分<85分)</td></tr>
<tr><td></td><td></td><td></td><td></td></tr>
<tr><td>评语</td><td colspan="4"></td></tr>
</table>

表2-16 评定等级系数表

等级	A(优)	B(良)	C(及格)	D(较差)	E(差或未答题)
系数	1.0	0.8	0.6	0.2	0

注:评价要素得分=配分×等级系数。

任务三 设施蔬菜生产田间管理

一、学习目标

(一)知识目标

1. 知道蔬菜在田间对于光、温、水、气、肥的需求。
2. 了解蔬菜的营养生长与生殖生长的关系。

3. 掌握设施蔬菜生产的田间适时追肥、浇水、用药条件。

4. 掌握植株调整的内容。

(二)能力目标

1. 根据蔬菜的生长情况,完成田间光、温、水、气、肥等环境因子的管理调控。

2. 依据蔬菜的不同生长发育期,完成插架、绑蔓(吊蔓)、摘心、打杈、摘除老叶(病叶)、保花保果、疏花疏果等操作。

3. 根据蔬菜的田间病虫害发生情况,完成病虫害防治。

(三)素质目标

1. 培养学生适应风吹、雨淋、日晒的工作环境,并经常与泥土、蚊虫、粪肥打交道的职业能力。

2. 在生产操作过程中,培养学生对于种子、农药、化肥、床土等耗材进行成本核算的管理意识。

3. 通过让学生分组合作完成设施蔬菜的种、管、收操作,培养学生的职业责任心。

4. 在生产操作过程中,培养学生遇到生产技术问题积极查找资料,有效进行团队的沟通、讨论、研究,进而解决问题并承担责任的职业素养。

5. 通过完成正确的生产操作以及反复进行的常规操作,培养学生严谨认真、精益求精的工作态度。

6. 通过主动学习国家职业标准、企业标准以及各类证书的认证标准,培养学生遵守职业标准严格、操作规范安全、履行工作职责认真的思想和行为习惯。

二、基础知识

(一)温度需求

温度是影响蔬菜作物生长发育最主要的因素。蔬菜种子在发芽期需要较高的温度,幼苗期需要的温度比发芽期低,营养生长期需要的温度比幼苗期高(二年生蔬菜除外)。二年生蔬菜在贮藏器官形成时期,需要的温度要低些;在生殖生长期(开花抽薹期),需要充足的阳光和较高的温度;在种子贮藏期、休眠期,则要求较低的温度。

1. 耐寒多年生宿根蔬菜

耐寒多年生宿根蔬菜可忍耐 -15 ~ -10 ℃的低温,冬季其地上部分会枯死,地下部分则可安全越冬。种子发芽温度可以为 -15 ~10 ℃,或者更低一些。

2. 耐寒蔬菜

耐寒蔬菜能忍耐的温度范围为 -2 ~ -1 ℃,可短期忍耐 -10 ~ -5 ℃的低温。

3. 半耐寒蔬菜

半耐寒蔬菜抗霜但不能长期忍耐 -2 ~ -1 ℃的低温。当温度为 17 ~20 ℃时,光合作用最强,生长发育最快;当温度超过 20 ℃时,光合作用逐渐减弱;当温度超过 30 ℃时,光合产物全部被呼吸作用所消耗。种子发芽温度在喜温蔬菜与耐寒蔬菜之间,为 20 ℃左右。

4. 喜温蔬菜

喜温蔬菜的最适宜温度为 20 ~30 ℃,若超过 40 ℃,则生长发育几乎停止;当温度为 10 ~15 ℃

时，会出现授粉不良的情况，甚至引起落花。种子发芽温度以25～30 ℃最为适宜。

5. 耐热蔬菜

耐热蔬菜在温度为30 ℃时，光合作用最强，生长发育最快。个别瓜类蔬菜、豆类蔬菜在40 ℃高温下仍能正常生长发育。

（二）光照需求

光照是蔬菜作物进行光合作用的必要条件，不论光的强度、光的组成还是光照时间的长短，对于蔬菜的生长发育而言都是重要的。

1. 光照强度

强光性蔬菜要求较强的光照才能生长发育良好，若光照强度不足，则会导致产量降低、糖量降低；中光性蔬菜要求光照保持中等即可；弱光性蔬菜在较弱的光照条件下就能生长发育良好。

2. 日照强度

长日照蔬菜在12～14 h的日照条件下，才能开花结果；短日照蔬菜在12 h以下的日照条件下，就能开花结果。中光性蔬菜对日照时间的长短要求不严格，在较长或较短的日照下都能正常开花结果。

3. 光质

红光以及橙、黄色长波光对长日照蔬菜的生长发育有利，蓝、紫光对短日照蔬菜的生长发育有促进作用。同时，光质对蔬菜作物的品质也有影响。

（三）水分需求

蔬菜作用中水分与干物质的比例可达9∶1，水分参与蔬菜作物的新陈代谢。蔬菜作物的品种不同，对水分的需求也有所不同，并且同一蔬菜作物在不同生长发育期对水分的需求也是有差异的。

1. 水分需求不多的蔬菜

这类蔬菜需求水分不多，根系吸水能力强、入土深，蒸腾能力弱，耐旱力强。

2. 消耗水分多的蔬菜

这类蔬菜根系吸水能力弱、入土浅，蒸腾能力强，耐旱力弱。

3. 消耗水分少的蔬菜

这类蔬菜根系吸水能力弱、分布范围小、入土浅、没有根毛，耐旱力弱。

4. 水分消耗中等的蔬菜

这类蔬菜不耐旱、不耐渍。

5. 水生蔬菜

这类蔬菜根系不发达、根毛退化、吸水能力较弱，在高温下蒸腾作用旺盛。

（四）湿度需求

1. 空气湿度

不同蔬菜作物对空气湿度的要求有所不同。其中，适合水生蔬菜的相对空气湿度为85%～90%，适合黄瓜、萝卜等的为20%~80%，适合番茄、辣椒、菜豆等的为55%~56%，适合大蒜、大葱、甜瓜等的为45%~55%。

2. 土壤湿度

蔬菜在种子发芽期，土壤湿度要大；在幼苗期，移苗后需要浇压蔓水，并且当根系与土壤紧密接触后，需要按照保持土壤湿润的原则适量浇水；在营养生长盛期和养分积累期，所要求的土壤含水量可达80%~85%，因此应及时浇足水；在开花期，对土壤湿度的要求较为严格，湿度过大、过小均会引起落花落果；在种子成熟期，土壤湿度要小。

（五）气体需求

1. 氧气、二氧化碳

蔬菜作物进行呼吸作用需要氧气，进行光合作用需要二氧化碳。蔬菜作物地上部分所需氧气来自大气，地下部分所需氧气会受到土壤理化性质的影响，若土壤松散肥沃、氧气充足，则根系生长良好；若土壤渍水板结、氧气不足，则会出现粉籽、烂根、死苗等现象。

蔬菜作物地上部分的干物质中45%是碳素，这些碳素是通过光合作用从大气中获得的。由于大气中二氧化碳的含量远不能满足蔬菜作物进行光合作用的需求，因此在蔬菜生产中，常常通过增施有机肥、加强中耕等措施来增加蔬菜作物周围空气中的二氧化碳浓度。

2. 有害气体

（1）二氧化硫（SO_2）危害。当空气中二氧化硫的浓度达到2×10^{-7}时，几天后蔬菜作物整株就会出现受害情况。二氧化硫是从叶片的气孔、水孔侵入，与蔬菜体内的水化合成硫酸（H_2SO_4）而毒害作物细胞的。对二氧化硫敏感的蔬菜有番茄、茄子、萝卜、菠菜等。

（2）氯气（Cl_2）危害。氯气的毒性比二氧化硫大2~4倍，如白萝卜、白菜只要接触浓度为1×10^{-7}的氯气2 h，就会出现叶片黄化的症状。

（3）乙烯（C_2H_4）危害。如果空气中乙烯的浓度达到1×10^{-7}以上，那么蔬菜就会受到毒害，症状与氯气的毒害相似，即叶片均匀变黄。

（4）氨（NH_3）危害。当氨气与蔬菜作物接触时，蔬菜会出现黄叶现象。

（六）营养需求

大多数蔬菜作物适于中性或弱酸性（pH值为6.0~6.8）土壤，少数适于碱性土壤。蔬菜作物对土壤中的氮（N）、磷（P）、钾（K）元素需求量很大，对钙（Ca）、镁（Mg）、硫（S）、铁（Fe）等微量元素也有需求。因此施用肥料时，要根据蔬菜作物的种类、生长发育期以及土壤的土质、含水量等因素，来确定施肥次数、施肥量及施肥方法。

小型叶菜在整个生长期都需要较多的N；大型叶菜除需要较多的N外，在生长盛期还需要较多的P和少量的K。根茎类蔬菜在幼苗期需要较多的N，对P、K的需要量则较少；在根茎肥大期需要较多的K、适量的P和少量的N。茄果类蔬菜在幼苗期需要较多的N，和少量的P、K；进入生殖生长期，对P的需要量大幅度增加，N的需要量则略减。

不同生长发育期的蔬菜作物对土壤的营养需求：种子发芽期，主要依靠种子本身贮藏的物质提供营养，待胚根伸长后，即可从土中吸收矿物质；幼苗期，只需供给较少量且容易吸收的养分，因此苗床宜多用有机肥、少施无机肥；营养生长期，养分需求量大，要根据蔬菜作物的种类增加适宜的施肥量；生殖器官成熟期，对养分的需求量大为减少。

（七）施肥

1. 施肥方式

（1）基肥

①撒施

撒施是指将肥料均匀地铺撒在田面，然后结合整地翻入土中，使得肥料与土壤充分混匀。

②沟施

这是指在栽培畦（垄）下开沟，然后将肥料均匀撒入沟内。沟施方式能使施肥集中，有利于提高肥效。

③穴施

穴施是指按株、行距开好定植穴，然后在穴内施入适量的肥料。穴施既能节约肥料，又能提高肥效。

（2）追肥

①地下埋施

地下埋施是指在蔬菜行间或株间开沟或穴，将肥料施入后再覆土。

②地面撒施

这是指将肥料均匀撒于蔬菜行间后再进行灌水。

③随水冲施

随水冲施是指将肥料先溶解于水中，然后结合灌水施入蔬菜根际。

（3）叶面喷施

这是将配制好的肥料溶液直接喷洒在蔬菜茎叶上的一种施肥方法。

2. 合理施肥

（1）有机肥为主，化肥为辅

应施用粪肥、饼肥、厩肥、堆肥、沤肥以及经化工厂加工的优质有机肥，如膨化鸡粪肥、微生物肥、有机叶面肥等。同时，根据土壤肥力和蔬菜作物营养需求进行配方施肥。

（2）施足基肥，合理追肥

在以有机肥为主的施肥方式中，将占有机肥总量70%以上的肥料作为基肥，于种植前施入土壤中，可以保障肥分不易流失，并可改善土壤状况，提高土壤肥力。追肥要根据蔬菜作物的生长情况与需求来定，并以速效肥料为主，可采用根区撒施以及沟施、穴施、叶面喷施等多种方式。

（3）各养分的化学反应和拮抗作用

磷肥中的磷酸根离子很容易和土壤中的铁、铝、钙离子反应，生成难溶的磷酸盐、过磷酸盐，以致蔬菜作物无法吸收而出现缺磷。因此，磷肥不能单独直接地施入土壤，必须先与有机肥混合、堆沤后，才能施用。此外，磷肥不宜与石灰混用，也不宜与硝酸钙等肥料混用。

钾离子与钙离子相互拮抗。钾离子过多，会影响蔬菜作物对钙的吸收；相反，钙离子过多，也会影响蔬菜作物对钾的吸收。

(4)禁止和限制使用的肥料

城市生活垃圾、污泥、工业废渣和未经无公害化处理的有机肥,以及不符合相应标准的污迹肥料等,禁止或限制使用。对于禁氯作物来说,含氯肥料禁止使用。

(5)因作物施肥

不同蔬菜作物因遗传特性不同而对土壤养分的吸收有很大差别。同时,相同作物的不同品种、相同品种在不同的生长发育期,所需肥料也不相同。

(6)因土壤施肥

土壤是蔬菜作物赖以生存的基础。肥料施入土壤后一部分被作物吸收利用,一部分被土壤保蓄起来,还有一部分随水流失。土壤营养的构成不同,作物生长所需要的营养元素及补充量也会不同。因此,要根据土壤的营养情况施肥。

(7)贯彻一个施肥原则

这个施肥原则是:有机肥料和化学肥料要配合使用。有机肥料和化学肥料是两类不同性质的肥料,而且有机肥料的优点正是化学肥料的缺点,化学肥料的优点正是有机肥料的缺点。因此,两者配合使用,可以取长补短,增进肥效。

(八)灌水

1.灌水方式

(1)明水灌溉

①形式

明水灌溉主要包括沟灌、畦灌和漫灌。

②适用范围

明水灌溉适用于水源充足、土地平整的地块。

③特点

明水灌溉投资小,易实施,但费工费水,并且土壤易板结。

(2)暗水灌溉

①形式

暗水灌溉包括渗灌和膜下暗灌。

②适用范围

暗水灌溉适用于设施蔬菜栽培。

③特点

暗水灌溉省水省力,可以使土壤蒸发量降至最低,低温期还可控制地温的下降。

(3)微灌

①形式

微灌包括滴灌和喷灌。

②适用范围

干旱地区宜采用滴灌,育苗或叶类蔬菜生产宜采用喷灌。

③特点

微灌省工省水,并且土表不易板结。但需要注意的是,喷灌易导致真菌病害的发生。

2. 合理灌溉

(1)根据气候变化灌水

在低温期,应尽量不灌或少灌水,并且灌水应在冷尾暖头的晴天午前进行;在高温期,应增加灌水次数,并且灌水应在早晨或傍晚进行。

(2)根据土壤情况灌水

缺水时应及时灌水,沙壤土宜多灌水,黏壤土宜少灌水,盐碱地可明水大灌,低洼地则应小水勤灌。

(3)根据蔬菜的种类、生长发育期和生长状况灌水

灌水时,应同时结合气候和土壤情况进行调整。

(九)植株调整

1. 整枝、摘心、打杈

(1)整枝

在蔬菜生产过程中,当植株具有能够满足正常生长发育的功能叶时,打掉多余的枝,形成一定的株形,可以起到控制营养生长、减少养分消耗、促进果实生长的作用。整枝方式有单干整枝、双干整枝、三干整枝、一干半整枝、二干半整枝和二干二半整枝等。

(2)摘心

去掉蔬菜植株顶端生长点的操作称为摘心,也称"打顶""闷尖"。以侧枝结果为主的蔬菜作物待主枝长出不久,就需要完成摘心操作,以促使其早发侧枝、早开雌花。

(3)打杈

这是指除掉蔬菜侧枝、腋芽的操作。打杈需要多次进行,以保障植株能够茁壮生长发育。

2. 摘叶及摘除卷须、束叶

(1)摘叶

在蔬菜作物生长期间摘除病叶、老叶、黄叶,可以防止病虫害的发生、蔓延,并且有利于植株下部的通风透光。同时,还可减少养分的消耗,从而保障植株的良好生长发育。

(2)摘除卷须

蔓生蔬菜作物(如黄瓜等)在吊蔓时需要将卷须去掉,以减少养分消耗。

(3)摘除束叶

摘除束叶是大白菜、花椰菜生产中的一项重要管理措施。在大白菜结球后期,将外叶束起,可以促使叶球紧实、叶球软化,也可起到保护叶球不受冻害的作用;在花椰菜花球的形成过程中,将临近花球的叶片束起来或折叠盖在花球上,可使花球洁白,进而能够提高花椰菜花球的品质。束叶不可过早进行,否则会影响蔬菜作物的光合作用。

3. 疏花疏果和保花保果

(1)疏花疏果

以营养器官为产品的蔬菜,应尽早除去花等生殖器官,以保障蔬菜作物营养器官的形成;以大型果实、较大果实为产品的蔬菜,需要选留少数优质幼果,除去多余花、果,以有利于养分的集中供给,提

高单果质量,改善蔬菜品质。选留果实时,要留最佳部位以及发育良好的幼果。

(2)保花保果

在设施内进行蔬菜栽培时,对于容易落花落果的蔬菜作物(如辣椒),要采取保花保果的栽培措施,以提高坐果率。

4. 支架、吊蔓、绑蔓

(1)支架

不能直立生长的蔬菜作物(如番茄、苦瓜、黄瓜、菜豆等)需要搭架栽培,以增加栽培密度,提高单位面积土地利用率。常见的支架有"人"字架、四脚架、篱架、直排架、棚架和"X"形架。

(2)吊蔓

在设施栽培中,一些蔓性、半蔓性蔬菜作物需要给予攀缘引导,称为吊蔓。具体操作:利用吊蔓器将尼龙绳的一端固定在架顶,另一端固定在蔬菜作物的根部或根部的土壤中,然后将蔬菜的茎蔓环绕在尼龙绳上。

(3)绑蔓

攀缘性较差的蔬菜作物(如黄瓜、番茄等),需要利用尼龙绳、草绳等材料将其茎蔓固定在架竿、吊绳上,称为绑蔓。绑蔓一般采用"8"字形绑缚,以减少、防止茎蔓与架竿、吊绳发生摩擦。进行"8"字形绑缚时,松紧需适度,既要留出茎蔓长粗的空间,又要防止茎蔓在架(绳)上随风摆动。

5. 压蔓、茎下落盘蔓

(1)压蔓

将南瓜、西瓜、甜瓜等爬地生长蔬菜的部分茎节压入土中,可以促进不定根发生,增加吸收面积,防止大风吹动,并可使茎叶分布均匀,植株排列整齐,从而更多地接受光照。

(2)茎下落盘蔓

在设施内进行蔬菜生产时,为减少架竿、植株之间的互相遮阴,多采用吊蔓栽培。然而,蔓生的无限生长型蔬菜,其茎蔓长度可达 3 m 以上,因此为保证茎蔓有充足的生长空间,可结合果实采收情况,随时将茎蔓下落并盘绕于蔬菜根部的垄面上,以保证植株的生长点始终维持适当的生长高度。

三、操作实施

(一)情境导入

现在已经进入番茄、黄瓜、菜豆、茄子、辣椒等蔬菜作物的营养生长期,蔬菜生产合作社发出邀请,希望我们派出实践操作技能过硬的学生,帮助、指导其进行设施蔬菜生产的田间管理工作。对此,我们要从哪些方面入手?

(二)任务布置

1. 角色转变

全班学生分成 4 个小组,教师、学生进行角色转变

(1)每个小组为一个生产单位。

(2)学生角色:公司 CEO、材料员、技术员、信息采集员、销售员、成本核算员。在每个生产单位中,

每个学生所担任的职务都由该生产单位自行安排。

(3)教师为公司的老板。

2. 成绩记录

检查生产单位的任务完成情况时，以生产单位的操作进行评价；考核任务完成过程中个人的操作时，以个人的成绩进行记录。

3. 材料领取

本次任务所用材料由教师提供。各生产单位的材料存在品种上的差异，并计入生产成本。

4. 操作任务

根据蔬菜的育苗情况，完成蔬菜苗期管理以及相应环境因子的调控操作。

(三)操作准备

材料：大棚内的番茄植株、黄瓜植株、辣椒植株、茄子植株、菜豆植株、南瓜植株等。

工具设备：吊蔓器、尼龙绳、喷壶、园艺铲子、塑料薄膜、遮阳网、无纺布、栽培床、铁锹、锄头等。

(四)操作规范

1. 番茄植株调整

(1)搭架吊蔓

番茄植株的第一花序坐果后要为其搭架、吊蔓，搭架吊蔓前要进行追肥、浇水。

(2)整枝打杈

①单干整枝：每株番茄只留一条主枝，其余侧枝全部摘掉。若主枝生长状态不好或主枝受伤，则可选留一条健康、生长发育良好的侧枝作为单干整枝的主枝。在肥水充足且栽培密度比较大的情况下，采用这种整枝方式有利于营养的集中供应，同时培育出的果实大且品质优。

②一干半整枝：在番茄单干整枝的基础上，保留主枝第一花序下一个健壮的侧枝，当保留的侧枝结出 1 ~2 穗果后，去掉生长点(摘心)。一干半整枝是提高早期番茄产量的有效措施。

③双干整枝：除保留主枝外，再留第一花序下叶腋抽生的健壮侧枝，形成双干的形状，然后去掉其余全部侧枝。肥水不足以及栽植密度较小时可采用这种整枝方式。

(3)整枝打杈注意事项

①整枝打杈需要在晴天、高温时段进行。清晨打杈，伤流过大，养分流失严重；高温时段打杈，伤口愈合快，伤流小；傍晚(下午 4 点以后)打杈，伤口易受到病菌侵染。

②整枝打杈前需要做好消毒工作。操作人员的手、吸烟者的手带有有害菌及烟草花叶病毒，若消毒工作做得不彻底，则易引起植株大面积感染。可用肥皂水、消毒液对手及剪刀等操作工具进行消毒，然后清洗干净。

③整枝打杈时要有选择性。要先给健壮、无病的植株打杈，再给染病的植株打杈。清理下来的染病植株要集中堆放，不可随手乱扔。

④整枝打杈要适当留茬。打杈时，要在杈基部留 1 ~2 cm 的茬。这样既能有效防止病菌从伤口侵入到主干，又可减少创伤面积，从而有利于伤口愈合。

(4)摘叶

在番茄植株的生长后期,枝叶过于繁茂,通风透光不好,容易导致病虫害的发生,以至于影响番茄的产量和品质。为此,应及时疏除植株下部的老叶、病叶、黄叶。

(5)保花保果

落花落果会影响早熟番茄品种的产量,因此要使用生长激素保花保果。

2. 番茄肥水管理

进行肥水管理要看天、看地、看苗,做到早追肥、勤灌水。

(1)基肥

番茄是喜肥、耐肥蔬菜作物,需肥量大,因此基肥要一次施足。基肥以有机肥、生物肥为主。磷肥可与有机肥混合作为基肥施用,钾肥大部分都作为基肥施用,并且施后要浇透水。施基肥时,要先将2/3 的肥料在耕地时施入,余下的1/3 在定植时施入。

(2)苗期施肥

待幼苗的1~2 片真叶展开后,应追施10% 充分腐熟的有机肥或0.1% 的尿素。

(3)追肥

追肥共进行3 次。第一次为追缓苗肥,在番茄幼苗刚刚缓苗时进行。此时番茄对氮肥的需要量大,因此定植后10~15 d,要结合浇水施入充分腐熟的有机肥,施肥量为500 kg/(667 m^2)。第二次为追催果肥,在番茄生长旺盛时进行。此时是重点追肥期,追肥量占总追肥量的35% 左右。肥料以氮肥为主,结合施入少量的磷肥、钾肥。第三次为追盛果肥,即每采收一次果后,随水追施速效氮肥10 kg/(667 m^2)。

对于番茄早熟品种,基肥要充足,追肥要早、勤;对于番茄晚熟品种,结果前的追肥量要少,以避免徒长,可在第一、二花序结果后再追施。

(4)灌水

定植后当番茄幼苗开始生长时,要浇缓苗水;第一花序期间,可适当控制浇水。若浇水过早,造成地温偏低,则由于幼苗还没有开始生长,因此不利于幼苗发根,并且易致幼苗染病。

3. 番茄病害防治

常见的番茄病害有灰霉病、病毒病、早疫病、晚疫病、叶霉病、条斑病毒病等。

(1)灰霉病

灰霉病容易在温度为18~25 ℃、相对湿度为85% 以上的环境下发病,并且在番茄秧苗第二穗果膨大后发病最为严重。若遇连续阴雨天气,则突然晴天后的1~2 d 发病严重。因此,控温控湿十分重要,温度应控制在25~28 ℃,相对湿度控制在40%~60%。

病害发生初期,可用50% 异菌脲可湿性粉剂600~800 倍液喷雾消毒,或用40% 嘧霉胺水剂600 倍液喷雾消毒,每7 d 消毒1 次,2 次即可。

(2)叶霉病

叶霉病容易在温度为28 ℃以上、相对湿度为85% 以上或雨后骤晴等环境下发病,番茄秧苗进入生长中后期时发病较重。因此,雨后晴天,要适时放风以降低湿度。同时,要及时喷药防病,可用25% 丙环唑乳油3 000 倍液喷雾消毒,每5~7 d 消毒1 次,2 次即可。

(五)操作记录

操作记录分别按表2-17、2-18、2-19、2-20 的形式填写。

表 2－17　________生产情况记录表

记录时间	主要特征				田间管理								采收		备注
	茎	叶	花序	果实	设施	病虫害	植株调整			肥水			采收标准	采收时间	
							吊蔓	整枝	除草	基肥	追肥	根外			

表 2－18　________设施环境管理情况登记表

管理项目		记录日期			
温度管理	增加温度				
	降低温度				
光照管理	增加光照				
	降低光照				
水分管理					
通风管理					

表 2-19　________苗期管理情况登记表 1

管理项目			记录日期			
病害发病症状与发病条件	灰霉病	发病症状				
		发病条件				
	叶霉病	发病症状				
		发病条件				
	早疫病	发病症状				
		发病条件				
	晚疫病	发病症状				
		发病条件				
	溃烂病	发病症状				
		发病条件				
	条斑病毒病	发病症状				
		发病条件				

表 2-20　________苗期管理情况登记表 2

管理项目		记录日期			
田间虫害识别及危害特点	害虫名称				
	危害部位				
	危害表现				
	害虫出现条件				
田间虫害综合防治	农业防治				
	诱杀成虫				
	药剂防治				

四、知识总结

1. 蔬菜田间授粉。

2. 果菜类蔬菜结果前期、盛期、后期的管理。

五、知识拓展

(一)绿色叶菜类蔬菜生产操作规程

1. 农业标准

按照 NY/T 391、NY/T 393 、NY/T 394、NY/T 743 、NY/T 658 标准进行绿色叶菜类蔬菜生产。

2. 生产操作

(1)整地

忌重茬播种,土壤保水、保肥能力要强,并且土质肥沃。以 4 000 kg/(667 m^2)有机肥作为基肥。整地深度为 25 ~30 cm。整地后,要把土壤耙平、耙细。采用平畦进行栽培,平畦的长度以方便操作为好,宽度为 1.0 ~1.2 m。

(2)播种

对于不同的叶菜类蔬菜,栽培密度要有一定差异。采用撒播方式进行播种,播种后要浇足底水,并覆土覆膜,以保证幼苗期所需温度。出苗前若土壤过干,则可浇小水。

(3)田间管理

对于越冬叶菜类蔬菜,冬前管理需要加强,可多次进行除草松土,以促使根系生长。越冬叶菜类蔬菜生长期较长,因此早春返青时,应及时追肥、浇水。优质有机肥的施用量为 5 000 kg/(667 m^2)。叶子生长旺盛期需要充足的水分供应。

对于不需要越冬的叶菜类蔬菜,只要严格按照农业标准中规定的绿色蔬菜生产要求进行操作即可。此外,在生产过程中要及时间苗,并去掉植株下部的老叶、黄叶,还要“小水勤浇”。

(4)收获

叶菜类蔬菜要及时采收,若采收过早,则产量低;若采收过晚,则品质不好。

(二)绿色果菜类蔬菜生产操作规程

1. 农业标准

按照 NY/T 391、NY/T 393、NY/T 394 、NY/T 655、NY/T 658、NY/T 1056 标准进行绿色果菜类蔬菜生产。

2. 生产操作

(1)茬口

忌重茬播种,土壤保水、保肥能力要强,并且土质肥沃。

(2)品种选择

要选择优质、高产、抗病、非转基因品种。若采用设施栽培,则应选择早熟品种。

(3)育苗

①育苗场所:温室

②播种床准备:营养土(草炭土:蛭石 =2:1 或 3:1);育苗容器(配制好的营养土已装入穴盘,穴盘规格为 32 穴、50 穴、72 穴等)紧密码放在育苗床上。

③浸种催芽:多采用温汤浸种,也可选择药剂浸种。采用药剂浸种时,要根据不同的果菜类蔬菜

作物选择不同的药剂种类、药剂浓度及浸种时间。

④催芽：将浸泡好的种子用干净的纱布或湿麻袋片包好，然后放在适宜的温度条件下催芽。待有70%的种子露白时，即可播种。

(4)播种

播种应在晴天中午进行。播前应先把草炭、蛭石、珍珠岩按比例拌匀后装入穴盘，再用打孔器在穴盘播种。

(5)苗期管理

①温度管理：白天28～30 ℃，夜晚18～20 ℃。

②水分管理：苗期以控水为主。若缺水，则可在晴天中午进行喷灌，但不浇大水。

(6)定植

①定植前准备：整地、施基肥。肥料应依据NY/T 394的要求选择。定植前，需施入腐熟有机菌肥，施肥量为20 m^3/(667 m^2)；翻耕深度为30 cm左右。

应做高垄，垄高为20 cm，垄沟宽为60 cm。

②定植：株距为25～30 cm，行距为60～65 cm。定植后，应浇水、覆膜。

(7)田间管理

①授粉：绿色果菜类蔬菜生产的授粉方式主要有人工授粉、释放雄蜂协助授粉。严禁使用化学合成植物生长调节剂。进行人工授粉时，可人为摇动、振动蔬菜植株，或者利用高压喷雾振动蔬菜植株。

②追肥：应适时追肥。追肥时，可使用氮、磷、钾复合肥。

③植株调整：调整要根据整枝方式进行，如果所留果穗数达到了标准，就要在最后一穗果的上方留下2片叶并摘心。

3.病虫害防治

(1)农药选择

按照NY/T 393要求选择农药和使用农药。

(2)防治原则

病虫害防治原则为预防为主，综合防治，即以保护、利用田间有益生物为重点，协调使用生物防治、农业防治、人工防治、物理防治措施，辅以高效低毒、低残留的化学农药进行病虫害的综合防治。

4.采收、包装、贮运

(1)采收质量标准

按照NY/T 655执行。

(2)包装质量标准

按照NY/T 658执行。

(3)贮藏运输质量标准

按照NY/T 1056执行。

六、任务拓展

1.无公害蔬菜生产管理要点。

2. 有机蔬菜生产管理要点。

3. 无公害蔬菜、有机蔬菜、绿色蔬菜的区别。

七、任务考核

考核分为操作考核和综合考核。

(一)操作考核

操作考核按表2-21的内容进行。

表2-21　操作技能鉴定试题评分表

学生姓名:

试题名称		番茄大棚栽培				鉴定时限			25 min	
评价要素		配分	等级	评分细则	评定等级					得分
					A	B	C	D	E	
播种	种子平放并轻压,盖籽泥厚度是否正确,是否覆盖双层遮阳网	4	A	完全正确						
			B	播种较正确,盖籽泥较薄,覆盖双层遮阳网						
			C	播种基本正确,盖籽泥较薄,覆盖单层遮阳网						
			D	与实际要求相差较大						
			E	差或未答题						
苗期管理	光、温、水、气、肥管理	4	A	完全正确						
			B	基本掌握管理技术						
			C	掌握管理技术						
			D	知道个别管理要点						
			E	不知道、不了解、不理解						
田间管理	光、温、水、气、肥管理	10	A	完全正确						
			B	基本掌握管理技术						
			C	掌握管理技术						
			D	知道个别管理要点						
			E	不知道、不了解、不理解						

续表

<table>
<tr><td colspan="2">试题名称</td><td colspan="3">番茄大棚栽培</td><td colspan="3">鉴定时限</td><td colspan="3">25 min</td></tr>
<tr><td colspan="2" rowspan="2">评价要素</td><td rowspan="2">配分</td><td rowspan="2">等级</td><td rowspan="2">评分细则</td><td colspan="5">评定等级</td><td rowspan="2">得分</td></tr>
<tr><td>A</td><td>B</td><td>C</td><td>D</td><td>E</td></tr>
<tr><td rowspan="5">文明操作</td><td rowspan="5">操作熟练，场地清洁</td><td rowspan="5">2</td><td>A</td><td>操作熟练，场地清洁，工具整理到位</td><td rowspan="5"></td><td rowspan="5"></td><td rowspan="5"></td><td rowspan="5"></td><td rowspan="5"></td><td rowspan="5"></td></tr>
<tr><td>B</td><td>操作熟练，场地较清洁，工具整理基本到位</td></tr>
<tr><td>C</td><td>操作熟练，场地一般清洁，工具未全部整理到位</td></tr>
<tr><td>D</td><td>操作不熟练，场地脏乱，工具乱放</td></tr>
<tr><td>E</td><td>差或未答题</td></tr>
<tr><td colspan="2">合计配分</td><td>20</td><td colspan="7">合计得分</td><td></td></tr>
</table>

考评员（签名）：

（二）综合考核

综合考核按表 2－22 进行，评定等级系数见表 2－23。

表 2－22　项目教学评价表

<table>
<tr><td colspan="2">学生姓名</td><td>日期</td><td colspan="2">课程项目名称</td><td>指导教师</td></tr>
<tr><td colspan="2"></td><td></td><td colspan="2"></td><td></td></tr>
<tr><td rowspan="6">课上评价（50 分）</td><td>预习实验内容</td><td>遵守安全操作规程</td><td>实验产品质量、数量</td><td>学生操作过程中表现</td><td>实验操作</td></tr>
<tr><td rowspan="2">能认真预习实验内容（5 分）</td><td rowspan="2">符合操作规程（5 分）</td><td>质量很好，达到规定数量（12 分）</td><td>好（8 分）</td><td>操作规范、精确（20 分）</td></tr>
<tr><td>质量好，没有达到规定数量（8 分）</td><td>一般（3 分）</td><td>操作规范、正确（15 分）</td></tr>
<tr><td rowspan="2">没预习实验内容（0 分）</td><td rowspan="2">不符合操作规程（0 分）</td><td>质量一般，达到规定数量（4 分）</td><td>不好（0 分）</td><td>操作基本规范（12 分）</td></tr>
<tr><td>质量不好，数量不足（0 分）</td><td>—</td><td>操作不规范、偏差大（6 分）</td></tr>
<tr><td></td><td></td><td></td><td></td><td></td></tr>
</table>

续表

<table>
<tr><td>学生姓名</td><td>日期</td><td colspan="2">课程项目名称</td><td>指导教师</td></tr>
<tr><td></td><td></td><td colspan="2"></td><td></td></tr>
<tr><td rowspan="6">课下评价（50分）</td><td>协助教师准备实验所用仪器设备、材料和药品等</td><td>完成生产调查表的书写、记录并汇报情况</td><td>实验成果质量</td><td>保持仪器设备完好及实验场地整洁</td></tr>
<tr><td>积极主动协助（10分）</td><td>积极提问，独立完成（10分）</td><td>实验成果质量很好，数量多（20分）</td><td>实验结束后整理好场地，仪器设备完好（10分）</td></tr>
<tr><td>主动协助（5分）</td><td>独立完成（8分）</td><td>实验成果质量好，数量较多（15分）</td><td>实验结束后不整理场地，或仪器设备有损坏（0分）</td></tr>
<tr><td>被动协助（2分）</td><td>抄袭别人（0分）</td><td>实验成果质量一般，数量少（12分）</td><td>—</td></tr>
<tr><td>不协助（0分）</td><td>—</td><td>实验成果质量不好，数量不足或无（6分）</td><td>—</td></tr>
<tr><td></td><td></td><td></td><td></td></tr>
<tr><td rowspan="2">综合考评</td><td>优秀（得分≥95分）</td><td>良好（95分>得分≥90分）</td><td>合格（90分>得分≥85分）</td><td>不合格（得分<85分）</td></tr>
<tr><td></td><td></td><td></td><td></td></tr>
<tr><td>评语</td><td colspan="4"></td></tr>
</table>

表2-23 评定等级系数表

等级	A（优）	B（良）	C（及格）	D（较差）	E（差或未答题）
系数	1.0	0.8	0.6	0.2	0

注：评价要素得分=配分×等级系数。

项目三　设施蔬菜生产收获

任务　设施蔬菜生产采收及采后处理

一、学习目标

(一)知识目标

1. 知道蔬菜产品的外观特性。
2. 了解蔬菜产品采收的质量标准。
3. 掌握蔬菜的采收时期、采收方法。
4. 掌握蔬菜采收后的整理方法、清洗方法。
5. 了解蔬菜采收后的分级标准、分级方法。
6. 了解设备清洗、蔬菜分级采收后的知识。
7. 掌握蔬菜采收后的包装方法。

(二)能力目标

1. 根据蔬菜产品的外部质量特征、成熟标准和用途,完成蔬菜产品的采收。
2. 依据不同蔬菜采收后的整理方法和清洗方法,完成蔬菜的采后清洗。
3. 根据不同蔬菜品种的分级标准,完成蔬菜的采后分级处理。
4. 依据国家蔬菜农药残留标准,完成蔬菜有害物质残留的快速检测。
5. 根据蔬菜产品的不同用途,完成蔬菜产品的包装。

(三)素质目标

1. 培养学生遇到生产技术问题积极查找资料,有效进行团队的沟通、讨论、研究,进而解决问题并承担责任的职业素养。
2. 通过正确的生产操作以及反复进行的常规操作,培养学生严谨认真的工作态度。
3. 通过蔬菜产品的采收、清洗、分级、包装全过程操作,培养学生自主学习的职业能力。

二、基础知识

（一）采收标准

1. 成熟的分类

（1）生理成熟

生理成熟是指蔬菜产品的可食用器官在生理上达到了充分成熟。依据不同蔬菜品种播种后、开花授粉的时间可计算其成熟天数。生理成熟的外部形态因蔬菜品种的不同而有着不同的表现特征，依据某种蔬菜应具备的色泽、大小、软硬度、香味等可以判断其生理上的成熟度。

（2）消费成熟

消费成熟又称为食用成熟度。对于产品的零售商和消费者而言，它是指蔬菜充分成熟，表现出特有的色、香、味，质地最好，具有最佳食用价值的阶段。消费成熟是以蔬菜产品的品质转变为标准的。无后熟作用的蔬菜都适于在此阶段采收，采收后即可上市销售，但不适于长期贮藏、长途运输。

2. 采收标准

蔬菜的种类不同，其食用部分也不同，而成熟标准也存在着很大差异。因此，很难有一个固定、统一的采收标准，只能根据对于不同种类蔬菜品质的要求制定个别的采收标准，具体如表 3－1 至表 3－22所示。

表 3－1 番茄采收标准

序号	指标	内容
1	形态	果形整齐，大小均匀，无畸形；果面光滑，无裂痕、无伤疤；具有该品种特有的形态特征
2	质地	品质鲜嫩，无空腔、无僵果、无皱缩
3	色泽	着色均匀，无绿肩；果实特有的粉色、红色、黄色、绿色扩展程度达到 80% 以上；果蒂绿色；花纹相间均匀。樱桃番茄着色均匀，具有该品种特有色泽，无斑点
4	味道	味道浓郁，没有异味
5	成熟度	具有本品种应有大小，果实内部充实，种子少且未成熟
6	杂质	无病、无虫卵、无泥土、无有害污染
7	其他	无机械损伤、无冻害冷害、无腐烂、无灼伤

表 3－2　甜椒采收标准

序号	指标	内容
1	形态	果形整齐，大小均匀，无畸形；果面光滑，无灼伤、无裂痕、无伤疤；果蒂没脱落，果柄长度适宜；具有该品种特有的形态特征
2	质地	品质新鲜、脆嫩，果肉厚实，果实硬度适中，不脱水、无僵果、无皱缩
3	色泽	着色均匀，果实表面有该品种果蜡和特有色泽，无黑心、无褪色斑块。青甜椒颜色翠绿，没有黄、红色现象；黄甜椒颜色嫩黄，没有青绿、红熟情况；红甜椒颜色深红，没有青绿现象
4	味道	味道浓郁，微甜，没有异味
5	成熟度	具有本品种应有大小，果实内部充实，种子少且未成熟
6	杂质	无病、无虫卵、无泥土、无有害污染
7	其他	无机械损伤、无冻害冷害、无腐烂、无灼伤

表 3－3　萝卜采收标准

序号	指标	内容
1	形态	形状大小整齐、均匀；表面光滑，无须根、无分叉、无震裂、无折断、无伤痕；具有该品种特有的形态特征
2	质地	品质新鲜、脆嫩，水分充足，不脱水、无糠心、不皱缩
3	色泽	表皮着色均匀。糖心萝卜内部色泽红润（紫色），无色斑；红萝卜表皮粉红，内部色泽洁白，根部没有浅绿色；青萝卜根部色泽翠绿；白萝卜根部无绿色
4	味道	具有萝卜特有味道，没有异味
5	成熟度	成熟度适宜，充分成长
6	杂质	表面清洁，根部无污泥、无有害物质
7	其他	无机械损伤、无冻害冷害、无腐烂、无灼伤

表 3－4　菠菜采收标准

序号	指标	内容
1	形态	叶簇不散开，叶无损伤；没有抽薹，不老化、无伤痕；具备该品种应有的外部形态特征
2	质地	品质新鲜、脆嫩，不脱水、不萎蔫
3	色泽	色泽嫩绿，叶无斑
4	味道	具有该品种特有味道，没有异味
5	成熟度	株高适宜
6	杂质	表面清洁，根部无污泥、无有害物质
7	其他	无虫卵、无机械损伤、无冻害冷害、无腐烂、无灼伤

表 3－5　苦菜采收标准

序号	指标	内容
1	形态	叶簇不散开，叶无损伤；没有抽薹，不老化、无伤痕；具备该品种应有的外部形态特征
2	质地	品质新鲜、脆嫩，不脱水、不萎蔫
3	色泽	色泽嫩绿，叶无斑、无黄化现象
4	味道	具有该品种特有味道，没有异味
5	成熟度	株高适宜
6	杂质	表面清洁，根部无污泥、无有害物质
7	其他	无虫卵、无机械损伤、无冻害冷害、无腐烂、无灼伤

表 3－6　丝瓜采收标准

序号	指标	内容
1	形态	果形整齐，大小均匀；果面有光泽，沟纹不明显，无断裂、无裂痕、无损伤、无畸形；具备该品种应有的外部形态特征
2	质地	品质新鲜、脆嫩，不脱水、不萎蔫，果肉没有出现肉质静脉
3	色泽	色泽嫩绿，颜色均匀，没有出现颜色变暗、黄化现象，没有褪色斑点
4	味道	具有该品种特有味道，没有异味
5	成熟度	果实充实、幼嫩，种子少且没有成熟
6	杂质	表面清洁，无污泥、无有害物质
7	其他	无虫卵、无机械损伤、无冻害冷害、无腐烂、无灼伤

表 3－7　芦荟采收标准

序号	指标	内容
1	形态	果形整齐，果面有光泽，没有弯曲，无损伤、不畸形，具备该品种应有的外部形态特征
2	质地	品质新鲜、脆嫩、坚硬，不脱水、不萎蔫，基部没有出现明显发白现象
3	色泽	色泽翠绿，颜色均匀，没有黄化现象和色斑
4	味道	具有该品种特有味道，没有异味
5	成熟度	生长健壮，没有出现木质化现象
6	杂质	表面清洁，无污泥、无有害物质
7	其他	无虫卵、无机械损伤、无冻害冷害、无腐烂、无灼伤

表 3－8　黄瓜采收标准

序号	指标	内容
1	形态	果实整齐、均匀；果面有光泽；瓜身粗细均匀，没有尖头、尖尾以及突然变粗、变细现象，有刺或无刺，无伤痕、无断裂；具备该品种应有的外部形态特征
2	质地	品质新鲜，脆嫩、坚硬，不脱水、不萎蔫，无空腔、无皱缩
3	色泽	色泽翠绿或深绿，颜色均匀，没有黄化、褪色现象，无色斑
4	味道	具有该品种特有味道，没有异味
5	成熟度	生长充实，果实幼嫩，种子少且没成熟
6	杂质	表面清洁，无污泥、无有害物质
7	其他	无虫卵、无机械损伤、无冻害冷害、无腐烂、无灼伤

表 3－9　苦瓜采收标准

序号	指标	内容
1	形态	果实整齐，大小均匀；果面有光泽，沟、纹明显，无断裂、无裂痕、无损伤、无畸形；具备该品种应有的外部形态特征
2	质地	品质新鲜，脆嫩、坚硬，不脱水、不萎蔫，无空腔、无腐烂
3	色泽	色泽翠绿，颜色均匀，没有黄化、褪色现象，无色斑
4	味道	具有该品种特有味道，没有异味
5	成熟度	生长充实，果实幼嫩，种子少且没成熟
6	杂质	表面清洁，无污泥、无有害物质
7	其他	无虫卵、无机械损伤、无冻害冷害、无腐烂、无灼伤

表 3－10　甜玉米采收标准

序号	指标	内容
1	形态	果实整齐，大小均匀；玉米粒排列整齐，无裂痕、无畸形；具备该品种应有的外部形态特征
2	质地	品质鲜嫩，不脱水、不萎蔫
3	色泽	色泽翠黄，颜色均匀，无褪色现象，无色斑
4	味道	具有该品种特有味道，没有异味
5	成熟度	生长健壮，饱满，种子没成熟
6	杂质	表面清洁，无污泥、无有害物质
7	其他	无虫卵、无机械损伤、无冻害冷害、无腐烂、无灼伤

表 3－11　辣椒采收标准

序号	指标	内容
1	形态	果实整齐，大小均匀，无畸形；果面光滑，无灼伤、无裂痕、无伤疤；果蒂没脱落，果柄长度适宜；具有该品种应有的外部形态特征
2	质地	品质新鲜、脆嫩，果肉厚实，果实硬度适中，不脱水、无僵果、无皱缩
3	色泽	颜色均匀，果实表面有该品种果蜡和特有色泽，无黑心、无褪色斑块
4	味道	味道浓郁，没有异味
5	成熟度	具有本品种应有大小，饱满，种子少且未成熟
6	杂质	无泥土、无有害物质
7	其他	无虫卵、无机械损伤、无冻害冷害、无腐烂、无灼伤

表 3－12　冬瓜采收标准

序号	指标	内容
1	形态	果实整齐均匀；果面有光泽；瓜身粗细均匀，没有尖头、尖尾以及突然变粗、变细现象，有刺或无刺，无伤痕、无断裂；具备该品种应有的外部形态特征
2	质地	品质新鲜、脆嫩，果肉厚实，不脱水、不萎蔫，无空腔、无皱缩
3	色泽	色泽翠绿或深绿，颜色均匀，纹理清楚、均匀，没有褪色现象，无色斑
4	味道	具有该品种特有味道，没有异味
5	成熟度	生长充实，果实幼嫩，种子刚刚发育
6	杂质	表面清洁，无污泥、无有害物质
7	其他	无虫卵、无机械损伤、无冻害冷害、无腐烂、无灼伤

表 3－13　大白菜采收标准

序号	指标	内容
1	形态	结球紧实，叶无损伤，没有抽薹，不老化、无伤痕，具备该品种应有的外部形态特征
2	质地	品质新鲜、脆嫩，不脱水、不萎蔫
3	色泽	色泽嫩绿，叶无斑
4	味道	具有该品种特有味道，没有异味
5	成熟度	株高适宜，发育饱满，没老化
6	杂质	表面清洁，根部无污泥、无有害物质
7	其他	无虫卵、无机械损伤、无冻害冷害、无腐烂、无灼伤

表 3－14　芹菜采收标准

序号	指标	内容
1	形态	叶柄簇生，直立坚挺，有浅沟纹，无断裂、无伤痕，具备该品种应有的外部形态特征
2	质地	新鲜、脆嫩，不脱水、不萎蔫，无空心、无老化
3	色泽	色泽嫩绿，叶和叶柄无斑、无黄化现象
4	味道	具有该品种特有味道，没有异味
5	成熟度	株高适宜，发育饱满，无老化
6	杂质	表面清洁，根部无污泥、无有害物质
7	其他	无虫卵、无机械损伤、无冻害冷害、无腐烂、无灼伤

表 3－15　芥蓝采收标准

序号	指标	内容
1	形态	茎直立坚挺，叶柄簇生，叶边缘完整，无断裂、无伤痕，具备该品种应有的外部形态特征
2	质地	品质新鲜、脆嫩，不脱水、不萎蔫
3	色泽	色泽翠绿，叶无斑、无黄化现象
4	味道	具有该品种特有味道，没有异味
5	成熟度	植株幼嫩，无抽薹、无开花、无木质纤维化现象、无老化
6	杂质	表面清洁，根部无污泥、无有害物质
7	其他	无虫卵、无机械损伤、无冻害冷害、无腐烂、无灼伤

表 3－16　西葫芦采收标准

序号	指标	内容
1	形态	果实整齐、均匀；果面有光泽；瓜身粗细均匀，没有尖头、尖尾以及突然变粗、变细现象，无伤痕、无断裂；具备该品种应有的外部形态特征
2	质地	品质新鲜、脆嫩、坚硬，不脱水、不萎蔫，无空腔、无皱缩
3	色泽	色泽嫩黄，颜色均匀；表面有蜡质，没有黄化现象，无色斑
4	味道	具有该品种特有味道，没有异味
5	成熟度	生长充实，果实幼嫩，种子少且没成熟
6	杂质	表面清洁，无污泥、无有害物质
7	其他	无虫卵、无机械损伤、无冻害冷害、无腐烂、无灼伤

表 3－17　花椰菜采收标准

序号	指标	内容
1	形态	花球紧实,叶无损伤,没有抽薹,不老化、无伤痕,具备该品种应有的外部形态特征
2	质地	品质新鲜、脆嫩,花球丰满,不脱水、不萎蔫
3	色泽	色泽均匀,无色斑。白色花椰菜花头洁白,紫色花椰菜具有特有紫色,西兰花花头颜色青绿
4	味道	具有该品种特有味道,没有异味
5	成熟度	花头大小适宜,发育饱满,无散花现象
6	杂质	花球清洁,根部无污泥、无有害物质
7	其他	无虫卵、无机械损伤、无冻害冷害、无腐烂、无灼伤

表 3－18　豆类蔬菜采收标准

序号	指标	内容
1	形态	豆荚平滑,豆身大小、长短、粗细均匀,不同品种具有本品种特有形态特征
2	质地	品质新鲜、脆嫩,无木质化现象、无脱水、无皱缩
3	色泽	着色均匀,具有本品种特有色泽,无黑心、无褪色斑块
4	味道	味道浓郁,没有异味
5	成熟度	果实幼嫩,豆形饱满,豆荚无纤维、不开裂
6	杂质	无泥土、无有害污染
7	其他	无虫卵、无机械损伤、无冻害冷害、无腐烂、无灼伤

表 3－19　洋葱采收标准

序号	指标	内容
1	形态	形状整齐,表皮光洁,无须根、无地上茎,无裂痕、无伤疤,具有该品种特有形态特征
2	质地	品质鲜嫩,鳞茎硬实,无空心、无脱水、无皱缩
3	色泽	具有该品种特有色泽,无黑心、无色斑
4	味道	味道浓郁,没有异味
5	成熟度	鳞茎表皮变干,没有抽薹,无不定根
6	杂质	无泥土、无有害物质
7	其他	无虫卵、无机械损伤、无冻害冷害、无腐烂、无灼伤

表 3－20　茄子采收标准

序号	指标	内容
1	形态	果形整齐，表皮光滑，无裂痕、无伤疤，具有该品种特有形态特征
2	质地	品质鲜嫩，果肉硬实，无空心、无脱水、无皱缩
3	色泽	具有该品种特有色泽，着色均匀，无黑心、无色斑
4	味道	味道浓郁，没有异味
5	成熟度	果实饱满，种子少且未成熟
6	杂质	无泥土、无有害污染
7	其他	无虫卵、无机械损伤、无冻害冷害、无腐烂、无灼伤

表 3－21　香菜采收标准

序号	指标	内容
1	形态	叶簇生，叶片无破损、无伤痕；茎直立坚挺：具有该品种特有形态特征
2	质地	品质新鲜、脆嫩，不脱水、不萎蔫
3	色泽	颜色翠绿，无黄叶、无色斑
4	味道	具有该品种特有气味，没有异味
5	成熟度	植株幼嫩，没有木质纤维，不老化
6	杂质	表面清洁，无泥土、无有害污染
7	其他	无虫卵、无机械损伤、无冻害冷害、无腐烂、无灼伤

表 3－22　甘蓝采收标准

序号	指标	内容
1	形态	叶球紧实，叶片无破损、无伤痕，具有该品种特有形态特征
2	质地	品质新鲜、脆嫩，不脱水、不萎蔫
3	色泽	具有该品种特有绿色或紫色，无黄叶、无色斑
4	味道	具有该品种特有气味，没有异味
5	成熟度	植株幼嫩，未抽薹，不老化
6	杂质	表面清洁，无泥土、无有害污染
7	其他	无虫卵、无机械损伤、无冻害冷害、无腐烂、无灼伤

(二)采收时期

1. 采收期对蔬菜产品质量的影响

采收早——产量低，品质差，不具备该品种应有的色泽、质地，价格低、商品性差，空秧或单果过小。

采收晚——老化、木质化，粗纤维含量增加、果实变软，不耐贮藏、运输，单果过大，该品种应具备的特征差。

2. 蔬菜采收期的确定

(1)蔬菜产品外观特征达到采收标准的要求。

(2)蔬菜产品应具备的典型营养品质达到要求。

(3)蔬菜植株生长、发育状态好。

(4)结合不同的栽培季节、消费习惯、市场需求、销售形式，确定不同的采收要求。

(三)采收方法

1. 人工采收

目前世界各国的鲜食、贮藏蔬菜均主要采取人工采收方法。具体的人工采收操作，要依据不同蔬菜的品种特点采取不同的采收形式。在采收过程中，根据蔬菜种类的不同可以适当选用不同的简单工具，如采收袋、篮子、整理箱、包装箱、剪刀等。辅助人工的采收工具和包装容器要实用、不易损坏，并且包装容器内部要加上防止蔬菜产品损伤的衬垫物。采收操作要选择晴天的早晚完成，避免在阴雨天或晴天正午采收。要根据市场销售目的，有计划地确定采收时间、采收品种数量，并安排好运送工具，以免采收后出现蔬菜产品的挤压、积压以及装卸过程中所造成的损伤等问题。

2. 机械采收

机械采收能有效提高采收效率，适用于成熟时果梗与果枝之间形成离层的蔬菜，对于成熟期大体一致的蔬菜也适用。根菜类、茎菜类蔬菜可使用大型犁耙进行机械采收。机械采收容易对蔬菜产品及其植株造成机械伤害，因此不适用于需要贮藏、远距离运输蔬菜的采收。国内外的机械采收主要用于采后即进行加工的蔬菜产品的采收。为便于机械采收，催熟剂、脱落剂在设施蔬菜生产上的应用越来越多。

根菜类蔬菜收获机主要有胡萝卜、萝卜收获机；果菜类蔬菜收获机包括番茄收获机、黄瓜收获机、辣椒收获机等。由于果菜类蔬菜的成熟期不一致，用这类机械进行分次采收的难度很大，因此现仅可完成无选择的一次性收获，并且采后主要供食品厂加工成灌装用果菜。

甘蓝收获机由回转拔取装置、顶部压紧装置、切根装置、夹持链、杂质出口、甘蓝箱和运输装置等组成。至于胡萝卜、萝卜收获机，一种是将块根、茎叶从土壤内拔出后，再分离茎叶、土壤的，称为拔取式收获机；另一种是将萝卜、胡萝卜的块根从土壤中拔出前先切去茎叶，然后再把块根从土壤中挖出并除去土壤等杂物的，称为挖掘式收获机。番茄、黄瓜、辣椒收获机有选择式收获机和一次性收获机两种类型，目前主要采用的是一次性收获机。

(四)采后处理

为保持或改善蔬菜的商品性，蔬菜采后需要经过修整、清洗、催熟、分级、涂被、包装、预冷等一系列处理流程和工艺。

1. 修整

修整是指除去黄叶、枯叶、果柄等操作，以使得蔬菜产品的外观整齐美观，便于食用、包装、运输、贮藏等。

2. 清洗

蔬菜产品采收后多采用水洗法清洗，水洗法包括浸泡、冲洗、喷淋等方式。蔬菜水洗后需要进行干燥处理，以防止腐烂变质。清洗可去掉泥污，除去虫和虫卵，减少农药残留，使得蔬菜产品符合商品要求和卫生标准。

3. 分级

分级是指按照蔬菜产品的坚实度、清洁度、大小、质量、色泽、形状、鲜嫩度、成熟度、病虫感染和机械损伤情况等，将采收后的蔬菜分成若干等级，使得蔬菜具有更好的商品性、标准性。一般分为 3 个等级，即特级、1 级、2 级。

特级蔬菜品质最好，具有本品种的典型形状和色泽，不存在影响组织和风味的内部特点，大小一致。产品在包装内排列整齐，数量和质量允许有 5% 的误差。

1 级产品与特级产品具有同样的品质，只不过在色泽、外部特征上略有瑕疵，但不影响总体外观和品质。产品不需要整齐地排列在包装箱内，可允许 10% 的误差。

2 级产品可以呈现某些内部和外部缺点，但价格低廉，因此采后适合于就地销售或短距离运输。

4. 包装

包装对蔬菜产品除起到保护作用外，还便于蔬菜的搬运、堆放、运输、销售，并可进一步提高蔬菜产品的商品性。包装分大包装、小包装，若干小包装组成一个大包装。包装的规格因蔬菜品种、生产目的、运输方式、销售途径等的不同而有所不同。

包装材料：软质、硬质材料容器等。

包装类型：普通包装、礼品包装、超市包装、便捷包装、套餐包装、出口包装等。

5. 涂被

涂被是指将蜡或胶体物质涂抹在蔬菜产品表面，形成一层薄膜，以减少水分蒸发，延长保鲜期。

6. 预冷

蔬菜采收后自身会携带一定的田间热，而预冷就是为了使蔬菜产品快速冷却到接近贮藏、运输的低温要求所采取的措施。预冷的方法主要有接触冰预冷、强制冷风预冷、水预冷和真空预冷等，预冷是采后保鲜处理冷链中的关键环节。

7. 催熟处理

催熟处理主要用于番茄、甜瓜等少数可在绿熟期采收的果菜类蔬菜。蔬菜产品经催熟后，在贮藏、运输结束时恰好可达到最佳的完熟程度和商品性。

三、操作实施

（一）情境导入

某蔬菜生产合作社与某超市签订了直供蔬菜的合同，按照供应合同规定，必须及时、保质保量地完成对超市的蔬菜供应。该超市所针对的消费群体存在个体差异，对于蔬菜的种类、数量、品质等也存在不同的要求。因此，合作社需要从蔬菜产品的采收、采后处理、商品化处理等方面来完善供应。

现委托我们来完成蔬菜的采收、采后处理和商品化处理操作。

（二）任务布置

1. 角色转变

全班学生分成4个小组，教师、学生进行角色转变。

（1）每个小组为一个生产单位。

（2）学生角色：公司CEO、材料员、技术员、信息采集员、销售员、成本核算员。在每个生产单位中，每个学生所担任的职务都由该生产单位自行安排。

（3）教师为公司的老板。

2. 成绩记录

检查生产单位的任务完成情况时，以生产单位的操作进行评价；任务完成过程中个人的操作时，以个人的成绩进行记录。

3. 材料领取

本次任务所需工具由教师提供。每个生产单位的材料、工具因需求不同而存在差异。

4. 操作任务

根据蔬菜的生长情况，完成蔬菜的采收、采后处理、商品化处理等操作。

（三）操作准备

材料：温室、大棚等设施内的番茄苗、黄瓜苗、辣椒苗、茄子苗、生菜苗等。

工具设备：剪刀、刀、铁锹、犁耙、园艺铲子、手套、篮子、整理箱、水管、塑料袋、尼龙绳等。

（四）操作规范

1. 番茄收获

（1）番茄采收前准备

采收前3～5 d不浇水，采收前5～10 d需要喷施防病虫害药液（具体使用何种农药及其浓度视生产情况而定）。雨天、雨后及露水未干时不采收，在外温较低的清晨或傍晚无露水时采收。

（2）番茄采收时间

需要长期贮藏、长距离运输的，选择采收绿熟期番茄；短期贮藏、近距离运输的，选择采收微熟期至半熟期的番茄。

（3）番茄采收操作

不留果柄、萼片，轻拿轻放，同时去掉果皮上的污物。

（4）番茄采收后分级

按番茄果实的大、中、小分成3级，剔除畸形、病害、虫害果。同一番茄品种制定统一分级标准。

（5）番茄采收后包装

将采收的番茄及时装入筐内，摆放3～4层，层与层之间要用柔软材料进行铺垫隔离；包装材料、铺垫隔离物需要消毒；包装容器不能太大，以免压伤果实。需要贮藏的番茄果实应按不同成熟度进行包装，并放在阴凉通风处散热。

(6)番茄采收后贮藏

番茄装筐、装箱后，应上架摆放，每层架可摆放2~3层筐、箱。短期贮藏可为20~30 d，并要经常进行检查，以随时挑出已熟果实或烂果、受伤果等。

(7)番茄采收后运输

装卸车时要防止出现机械损伤。夏天要用冷藏车运输，若外界最高气温低于20 ℃，则要用保温车运输。用普通货车运输时，夏季要注意防晒、通风，冬季则应注意防冻。

(五)操作记录

操作记录按表3-23的形式填写。

表3-23 ________蔬菜采收记录单

序号	蔬菜品种类型	形态特征	采收方法	采后处理措施	分级质量/kg			总质量/kg	包装类型	备注
					特级	1级	2级			

四、知识总结

(一)采收要求

总的采收要求为：避开高温期，在早晚进行；避免雨淋；避免人为、机械及其他伤害，采收时下刀要稳、准。

此外，蔬菜从采收到送至加工厂的时间不宜过长，根据季节、温度的不同，有如下规定：

1. 温度在25~35 ℃时，蔬菜从采收到送至加工厂的时间不能超过4 h；温度在10~22 ℃时，不能超过 6 h。

2. 运输工具必须清洁、卫生、无异味、无虫害活动痕迹。

3. 不能接触或靠近潮湿、具有腐蚀性、容易发潮的物品，不能与有害物质放在一起保存或运输。

4. 装箱摆放时，要采用交错摆放的方法（这样有利于防止相互摩擦造成的机械损伤）；装筐时不得超过筐高；装好后，要覆盖叶片并尽快运输到冷库进行保鲜。

（二）修整、分级

通过修整、分级将合格的蔬菜产品按一定的质量标准区分为若干等级，可使蔬菜符合运输、销售的要求。

1. 修整

在田间收获蔬菜时，通常会带有一些残叶、败叶、泥土、病虫等污染物，蔬菜产品本身也会携带一定量的有害微生物，因此必须对采收后的蔬菜产品进行及时处理，以剔除存在机械损伤、病虫危害、外观畸形等不符合销售商品性特点的蔬菜。

2. 分级

分级是为了使蔬菜产品在品质、色泽、大小、成熟度、清洁度等方面基本一致，进而使得蔬菜产品在运输、贮藏时可按等级进行管理，以减少损耗，提高销售价值。

（三）包装

蔬菜产品在装车、入库前需要进行包装处理操作，以防止对蔬菜造成机械损伤，同时减少水分蒸发，防止萎蔫，从而确保蔬菜产品的质量。此外，也方便运输，并有利于充分利用运输和贮藏空间。

1. 用保鲜膜、塑料袋、薄纸等进行单株、单球、整捆包装。

2. 按照同一品种、同一等级、相同大小、相同规格整齐摆放在包装箱内。

3. 根据不同的品种特征，蔬菜在包装箱内需要码放整齐、紧密，以减少相互之间因挤压、摩擦等而造成的伤害。比如，甘蓝在包装箱内的第一层必须根部接触箱底码放，第二层则需要叶球与叶球相对码放。

4. 每箱都要按质量一致的原则进行装箱。

5. 包装箱上应标明蔬菜的品名、等级规格、净重、产地等相关信息。

6. 箱口应封严，以免散箱。

7. 包装箱要透气，最大耐压强度要在 300 kg 以上。

（四）预冷

预冷的目的是除去蔬菜采收后所带有的大量田间热，以减慢蔬菜采收后的新陈代谢速度，保持蔬菜产品的新鲜度。

1. 真空预冷设备的温度需要控制在 0 ℃。

2. 将封好的蔬菜用运输工具整箱放入真空预冷设备中，每次最多放 4 板。

3. 堆放整齐后，关闭真空预冷设备的门。

4. 在真空预冷设备内预冷 45 min 左右。

5. 若不能及时发车运走，则需将预冷蔬菜产品运送到另外的冷库内，贮藏温度须为 0 ℃，湿度须控制在95% ~100%。

(五)贮藏

预冷结束后,蔬菜产品的温度需要在恒温库中保持,以调控蔬菜产品的呼吸作用,减缓蔬菜产品的新陈代谢,使其保持新鲜状态。

1. 确认恒温库的电源正常,确认恒温库内的蒸发器、冷凝器、风扇周围没有异物遮挡。

2. 恒温库的开关、停机操作必须由指定人员完成。

(六)运输

运输是动态的贮藏,即要在运输过程中保持蔬菜的品质,延长其寿命。这与新鲜蔬菜的采后处理、装卸水平,以及运输中的环境条件、运输时间与工具、路途状况、组织工作等均有密切关系。

通常用常温运输车运输并且需要在10 h以内保持常温的蔬菜产品,如果超过10 h,就要用冷藏车完成运输(夏天外界温度高于30 ℃时,如果超过8 h就要用冷藏车)。冷藏车内的温度需要控制在0 ~5 ℃。

1. 快装快运

蔬菜产品采收后仍是一个活的有机体,极易发生腐烂变质,因此运输中的各个环节一定要快,以使蔬菜产品迅速到达目的地。本地种植的蔬菜从采收到发货需要在8 h内完成,可常温运输;外地种植的蔬菜从采收到发货需要在3 d内完成,并且采收后蔬菜的预冷温度为1 ~4 ℃时,才能进行包装、运输。冷藏车内的温度要始终保持在1 ~4 ℃。

2. 轻装轻卸

蔬菜产品的含水量一般为80% ~90%,如果装卸粗放,则蔬菜极易受伤,从而会导致其腐烂变质。机械损伤是引起蔬菜品质、商品性降低的重要原因,因此在装卸过程中需要做到轻装轻卸。

3. 防热防凉

温度过高,会加速蔬菜产品的老化,降低品质;温度过低,蔬菜产品则会遭受冷害冻害。此外,运输过程中温度的波动对蔬菜产品的质量也有不利影响。

4. 安全卫生

运输车辆需要车厢清洁、干燥,无异味、无异物、无污染。蔬菜产品不能与其他有污染、有害的物品共同运输。同时,为保证蔬菜产品的安全,车辆必须上锁、打铅封。

五、知识拓展

(一)知识链接

组织学生观看视频,学习、了解设施蔬菜生产的采收及采后处理技术、方法和注意要点。

（二）资料查找

1. 机械化采收。

2. 机械化采后处理。

六、任务拓展

1. 秋季露地白菜、萝卜的采收和采后处理。

2. 温室叶菜类蔬菜的采收和采后处理。

3. 大棚番茄、菜豆的采收和采后处理。

七、任务考核

考核分为操作考核和综合考核。

（一）操作考核

操作考核按表 3 – 24 的内容进行。

表 3-24 评价表

学生姓名：

评价内容	评分标准	分数	得分	备注
素质目标	操作目标明确，操作计划切合实际、具有可操作性	5		
	操作时态度端正，注意力集中，有责任心	5		
	积极与他人合作，有团体意识	5		
资料查找	所采集的材料和信息对于操作任务的理解、操作计划的制定有意义	5		
操作计划	提出的方案合理、可操作性强，对于最终任务的完成起决定性作用	10		
任务实施	安全操作，操作规范、熟练，采后处理正确及时，分级准确，质量鉴定符合要求，包装规范	45		
解决问题	能够较好地解决生产实际问题，解决问题及时	10		
场地清理	清理及时，保护环境，节约资源	5		
登记记录	记录完整、准确、真实、规范	10		
合计		100		

（二）综合考核

综合考核按表 3-25 进行，评定等级系数见表 3-26。

表 3－25　项目教学评价表

学生姓名	日期	课程项目名称			指导教师
课上评价(50 分)	预习实验内容	遵守安全操作规程	实验产品质量、数量	学生操作过程中表现	实验操作
	能认真预习实验内容(5 分)	符合操作规程(5 分)	质量很好,达到规定数量(12 分)	好(8 分)	操作规范、精确(20 分)
			质量好,没有达到规定数量(8 分)	一般(3 分)	操作规范、正确(15 分)
	没预习实验内容(0 分)	不符合操作规程(0 分)	质量一般,达到规定数量(4 分)	不好(0 分)	操作基本规范(12 分)
			质量不好,数量不足(0 分)	—	操作不规范、偏差大(6 分)
课下评价(50 分)	协助教师准备实验所用仪器设备、材料和药品等	完成生产调查表的书写、记录并汇报情况	实验成果质量		保持仪器设备完好及实验场地整洁
	积极主动协助(10 分)	积极提问,独立完成(10 分)	实验成果质量很好,数量多(20 分)		实验结束后整理好场地,仪器设备完好(10 分)
	主动协助(5 分)	独立完成(8 分)	实验成果质量好,数量较多(15 分)		实验结束后不整理场地,或仪器设备有损坏(0 分)
	被动协助(2 分)	抄袭别人(0 分)	实验成果质量一般,数量少(12 分)		—
	不协助(0 分)	—	实验成果质量不好,数量不足或无(6 分)		—
综合考评	优秀(得分≥95 分)	良好(95 分＞得分≥90 分)	合格(90 分＞得分≥85 分)		不合格(得分＜85 分)
评语					

表 3－26　评定等级系数表

等级	A(优)	B(良)	C(及格)	D(较差)	E(差或未答题)
系数	1.0	0.8	0.6	0.2	0

注:评价要素得分＝配分×等级系数。

蔬菜园艺工操作技能鉴定考核

经过前3个项目的学习和实践操作，学生对设施蔬菜生产的相关知识有了进一步的理解和认识，操作技能也得到了进一步的提高，现根据《蔬菜园艺工国家职业标准》对学生进行操作技能鉴定考核。

一、蔬菜园艺工(三级)操作技能鉴定考核

(一)试题名称：5种瓜类主栽品种的识别

1. 规定用时：25 min。
2. 操作条件：
(1)教室：20 m^2。
(2)工作台：500 cm × 50 cm × 70 cm(长 × 宽 × 高)。
(3)黄瓜、冬瓜、丝瓜、南瓜、西葫芦。
(4)白纸、铅笔。
3. 操作内容：
(1)记录5个主栽品种的名称。
(2)记录各品种生育期。
4. 操作要求：
(1)品种名称正确。
(2)播种期和收获期正确。

答题卷见表4-1，考核评分见表4-2，评定等级系数见表4-3。

表4-1 5种瓜类主栽品种的识别答题卷(20分)

姓名： 准考证号：

编号	类型	播种期	收获期
1			

续表

编号	类型	播种期	收获期
2			
3			
4			
5			

表 4－2　5 种瓜类主栽品种的识别考核评分表

考生姓名：　　　　　　　　准考证号：

试题名称		5 种瓜类主栽品种的识别			鉴定时限			25 min		
评价要素		配分	等级	评分细则	评定等级					得分
					A	B	C	D	E	
品种名称	名称是否正确	4	A	完全正确						
			B	4 个品种正确						
			C	3 个品种正确						
			D	1～2 个品种正确						
			E	差或未答题						

续表

试题名称		5种瓜类主栽品种的识别			鉴定时限				25 min	
评价要素		配分	等级	评分细则	评定等级					得分
					A	B	C	D	E	
播种期	指出季节性品种、播种期是否正确	10	A	完全正确						
			B	播种期正确,季节性品种基本正确						
			C	播种期基本正确,季节性品种有一定偏差						
			D	完全不正确						
			E	差或未答题						
收获期	采收标准、收获期是否正确	6	A	完全正确						
			B	采收标准、收获期基本正确						
			C	采收标准、收获期有一定误差						
			D	完全不正确						
			E	差或未答题						
合计配分		20	合计得分							

评员(签名):

表4-3 评定等级系数表

等级	A(优)	B(良)	C(及格)	D(较差)	E(差或未答题)
系数	1.0	0.8	0.6	0.2	0

注:评价要素得分=配分×等级系数。

(二)试题名称:黄瓜夏季育苗技术

1. 规定用时:25 min。
2. 操作条件:田间。
3. 操作内容:略。
4. 操作要求:见表4-4。

考核评分见表4-4,评定等级系数见表4-5。

表 4－4　黄瓜夏季育苗技术考核评分表

考生姓名：　　　　　　　　准考证号：

<table>
<tr><td colspan="2">试题名称</td><td colspan="3">黄瓜夏季育苗技术</td><td colspan="3">鉴定时限</td><td colspan="3">25 min</td></tr>
<tr><td colspan="2" rowspan="2">评价要素</td><td rowspan="2">配分</td><td rowspan="2">等级</td><td rowspan="2">评分细则</td><td colspan="5">评定等级</td><td rowspan="2">得分</td></tr>
<tr><td>A</td><td>B</td><td>C</td><td>D</td><td>E</td></tr>
<tr><td rowspan="5">装穴盘</td><td rowspan="5">穴孔装土均匀并压实</td><td rowspan="5">4</td><td>A</td><td>完全正确</td><td rowspan="5"></td><td rowspan="5"></td><td rowspan="5"></td><td rowspan="5"></td><td rowspan="5"></td><td rowspan="5"></td></tr>
<tr><td>B</td><td>穴孔装土基本均匀，有压实</td></tr>
<tr><td>C</td><td>穴孔装土基本均匀，无压实</td></tr>
<tr><td>D</td><td>穴孔装土不均匀，无压实</td></tr>
<tr><td>E</td><td>差或未答题</td></tr>
<tr><td rowspan="5">水分</td><td rowspan="5">浇水渗透程度与覆水情况</td><td rowspan="5">4</td><td>A</td><td>完全正确</td><td rowspan="5"></td><td rowspan="5"></td><td rowspan="5"></td><td rowspan="5"></td><td rowspan="5"></td><td rowspan="5"></td></tr>
<tr><td>B</td><td>播种 4 小时前浇透水，播种前无覆水</td></tr>
<tr><td>C</td><td>播种 4 小时前未浇透水，播种后覆水</td></tr>
<tr><td>D</td><td>与实际要求相差较大</td></tr>
<tr><td>E</td><td>差或未答题</td></tr>
<tr><td rowspan="5">播种</td><td rowspan="5">种子平放并轻压，盖籽泥厚度是否正确，是否覆盖双层遮阳网</td><td rowspan="5">10</td><td>A</td><td>完全正确</td><td rowspan="5"></td><td rowspan="5"></td><td rowspan="5"></td><td rowspan="5"></td><td rowspan="5"></td><td rowspan="5"></td></tr>
<tr><td>B</td><td>播种较正确，盖籽泥较薄，覆盖双层遮阳网</td></tr>
<tr><td>C</td><td>播种基本正确，盖籽泥较薄，覆盖单层遮阳网</td></tr>
<tr><td>D</td><td>与实际要求相差较大</td></tr>
<tr><td>E</td><td>差或未答题</td></tr>
<tr><td rowspan="5">文明操作</td><td rowspan="5">熟练操作，场地清洁</td><td rowspan="5">2</td><td>A</td><td>操作熟练，场地清洁，工具整理到位</td><td rowspan="5"></td><td rowspan="5"></td><td rowspan="5"></td><td rowspan="5"></td><td rowspan="5"></td><td rowspan="5"></td></tr>
<tr><td>B</td><td>操作熟练，场地较清洁，工具整理基本到位</td></tr>
<tr><td>C</td><td>操作熟练，场地一般清洁，工具未全部整理到位</td></tr>
<tr><td>D</td><td>操作不熟练，场地脏乱，工具乱放</td></tr>
<tr><td>E</td><td>差或未答题</td></tr>
<tr><td colspan="2">合计配分</td><td>20</td><td colspan="7">合计得分</td><td></td></tr>
</table>

考评员（签名）：

表 4－5　评定等级系数表

等级	A(优)	B(良)	C(及格)	D(较差)	E(差或未答题)
系数	1.0	0.8	0.6	0.2	0

注:评价要素得分 = 配分 × 等级系数。

(三)试题名称:常见瓜类病虫害的识别与防治

1. 规定用时:25 min
2. 操作条件:同(一)。
3. 操作内容:略。
4. 操作要求:见表 4－7。

答题卷见表 4－6,考核评分见表 4－7,评定等级系数见表 4－8。

表 4－6　常见瓜类病虫害的识别与防治答题卷(20 分)

考生姓名:　　　　　　　　准考证号:

项目	白粉病		霜霉病		蚜虫		烟粉虱	
图片编号								
病害主要症状								
选用农药名称								
农药使用浓度								

表 4－7　常见瓜类病虫害的识别与防治考核评分表

考生姓名：　　　　　　　　准考证号：

<table>
<tr><td colspan="2">试题名称</td><td colspan="3">常见瓜类病虫害的识别与防治</td><td colspan="3">鉴定时限</td><td colspan="3">25 min</td></tr>
<tr><td colspan="2" rowspan="2">评价要素</td><td rowspan="2">配分</td><td rowspan="2">等级</td><td rowspan="2">评分细则</td><td colspan="5">评定等级</td><td rowspan="2">得分</td></tr>
<tr><td>A</td><td>B</td><td>C</td><td>D</td><td>E</td></tr>
<tr><td rowspan="5">黄瓜
病害识别</td><td rowspan="5">名称是否正确，描述病害症状是否正确</td><td rowspan="5">5</td><td>A</td><td>完全正确</td><td rowspan="5"></td><td rowspan="5"></td><td rowspan="5"></td><td rowspan="5"></td><td rowspan="5"></td><td rowspan="5"></td></tr>
<tr><td>B</td><td>名称正确，描述病害症状遗漏 1～2 点</td></tr>
<tr><td>C</td><td>名称正确，描述病害症状遗漏较多</td></tr>
<tr><td>D</td><td>名称不正确</td></tr>
<tr><td>E</td><td>差或未答题</td></tr>
<tr><td rowspan="5">黄瓜
害虫识别</td><td rowspan="5">名称是否正确，描述危害症状是否正确</td><td rowspan="5">5</td><td>A</td><td>完全正确</td><td rowspan="5"></td><td rowspan="5"></td><td rowspan="5"></td><td rowspan="5"></td><td rowspan="5"></td><td rowspan="5"></td></tr>
<tr><td>B</td><td>名称正确，描述危害症状遗漏 1～2 点</td></tr>
<tr><td>C</td><td>名称正确，描述危害症状遗漏较多</td></tr>
<tr><td>D</td><td>名称不正确</td></tr>
<tr><td>E</td><td>差或未答题</td></tr>
<tr><td rowspan="5">杀菌剂</td><td rowspan="5">药剂名称及使用倍数是否正确</td><td rowspan="5">5</td><td>A</td><td>完全正确</td><td rowspan="5"></td><td rowspan="5"></td><td rowspan="5"></td><td rowspan="5"></td><td rowspan="5"></td><td rowspan="5"></td></tr>
<tr><td>B</td><td>药剂选择正确，使用倍数有一定误差</td></tr>
<tr><td>C</td><td>药剂选择基本正确（未全部选择出），使用倍数有一定误差</td></tr>
<tr><td>D</td><td>药剂选择不正确</td></tr>
<tr><td>E</td><td>差或未答题</td></tr>
<tr><td rowspan="5">杀虫剂</td><td rowspan="5">药剂名称及使用倍数是否正确</td><td rowspan="5">5</td><td>A</td><td>完全正确</td><td rowspan="5"></td><td rowspan="5"></td><td rowspan="5"></td><td rowspan="5"></td><td rowspan="5"></td><td rowspan="5"></td></tr>
<tr><td>B</td><td>药剂选择正确，使用倍数有一定误差</td></tr>
<tr><td>C</td><td>药剂选择基本正确（未全部选择出），使用倍数有一定误差</td></tr>
<tr><td>D</td><td>药剂选择不正确</td></tr>
<tr><td>E</td><td>差或未答题</td></tr>
<tr><td colspan="2">合计配分</td><td>20</td><td colspan="7">合计得分</td><td></td></tr>
</table>

考评员（签名）：

表4-8 评定等级系数表

等级	A(优)	B(良)	C(及格)	D(较差)	E(差或未答题)
系数	1.0	0.8	0.6	0.2	0

注:评价要素得分=配分×等级系数。

(四)试题名称:黄瓜茬口安排

1. 规定用时:25 min。
2. 操作条件:
(1)教室:20 m^2。
(2)工作台:500 cm×50 cm×70 cm(长×宽×高)。
(3)黄瓜及其他各类蔬菜实物。
(4)白纸、铅笔。
3. 操作内容:
(1)安排以黄瓜为主的茬口模式3种。
(2)记录茬口中各品种的生育期。
(3)记录主栽品种的产量并做出经济效益的估算。
4. 操作要求:
(1)茬口模式安排正确,无同科作物连作。
(2)品种生育期准确。
(3)产量与效益估算基本正确。
考核评分见表4-9,评定等级系数见表4-10。

表 4－9　黄瓜茬口安排考核评分表

考生姓名：　　　　　　　　　　　　准考证号：

<table>
<tr><td colspan="2">试题名称</td><td colspan="3">黄瓜茬口安排</td><td colspan="3">鉴定时限</td><td colspan="3">25 min</td></tr>
<tr><td colspan="2" rowspan="2">评价要素</td><td rowspan="2">配分</td><td rowspan="2">等级</td><td rowspan="2">评分细则</td><td colspan="5">评定等级</td><td rowspan="2">得分</td></tr>
<tr><td>A</td><td>B</td><td>C</td><td>D</td><td>E</td></tr>
<tr><td rowspan="5">黄瓜茬口模式</td><td rowspan="5">主栽品种组装是否正确，是否无同科作物连作</td><td rowspan="5">5</td><td>A</td><td>完全正确</td><td rowspan="5"></td><td rowspan="5"></td><td rowspan="5"></td><td rowspan="5"></td><td rowspan="5"></td><td rowspan="5"></td></tr>
<tr><td>B</td><td>2 种茬口正确</td></tr>
<tr><td>C</td><td>1 种茬口正确</td></tr>
<tr><td>D</td><td>与实际要求相差较大</td></tr>
<tr><td>E</td><td>差或未答题</td></tr>
<tr><td rowspan="5">各品种的生育期</td><td rowspan="5">播种期、收获期是否正确</td><td rowspan="5">10</td><td>A</td><td>完全正确</td><td rowspan="5"></td><td rowspan="5"></td><td rowspan="5"></td><td rowspan="5"></td><td rowspan="5"></td><td rowspan="5"></td></tr>
<tr><td>B</td><td>播种期、收获期基本正确</td></tr>
<tr><td>C</td><td>播种期、收获期有一定误差</td></tr>
<tr><td>D</td><td>与实际要求相差较大</td></tr>
<tr><td>E</td><td>差或未答题</td></tr>
<tr><td rowspan="5">产量和经济效益估算</td><td rowspan="5">产量估算、经济效益估算是否正确</td><td rowspan="5">5</td><td>A</td><td>误差 0～10%</td><td rowspan="5"></td><td rowspan="5"></td><td rowspan="5"></td><td rowspan="5"></td><td rowspan="5"></td><td rowspan="5"></td></tr>
<tr><td>B</td><td>误差 10%～30%</td></tr>
<tr><td>C</td><td>误差 30%～50%</td></tr>
<tr><td>D</td><td>误差 50% 以上</td></tr>
<tr><td>E</td><td>差或未答题</td></tr>
<tr><td colspan="2">合计配分</td><td>20</td><td colspan="7">合计得分</td><td></td></tr>
</table>

考评员（签名）：

表 4－10　评定等级系数表

等级	A（优）	B（良）	C（及格）	D（较差）	E（差或未答题）
系数	1.0	0.8	0.6	0.2	0

注：评价要素得分＝配分×等级系数。

（五）试题名称：甘蓝主栽品种的识别与分类

1. 规定用时：25 min。

2. 操作条件：

（1）教室：20 m^2。

（2）工作台：500 cm×50 cm×70 cm（长×宽×高）。

（3）结球甘蓝、抱子甘蓝、紫甘蓝及其他品种实物。

（4）白纸、铅笔。

3. 操作内容：

(1)记录3个主栽品种的名称。

(2)记录各品种生育期。

4. 操作要求：

(1)品种名称、季节性品种正确。

(2)播种期、收获期、采收标准正确。

考核评分见表4－11，评定等级系数见表4－12。

表4－11 甘蓝主栽品种的识别与分类考核评分表

考生姓名： 准考证号：

试题名称		甘蓝主栽品种的识别与分类			鉴定时限			25 min		
评价要素		配分	等级	评分细则	评定等级					得分
					A	B	C	D	E	
品种名称	名称是否正确	5	A	完全正确						
			B	2个品种正确						
			C	1个品种正确						
			D	与实际要求相差较大						
			E	差或未答题						
播种期	指出季节性品种、播种期是否正确	10	A	完全正确						
			B	播种期正确，季节性品种基本正确						
			C	播种期正确，季节性品种有一定误差						
			D	与实际要求相差较大						
			E	差或未答题						
收获期	采收标准、收获期是否正确	5	A	完全正确						
			B	采收标准、收获期基本正确						
			C	采收标准、收获期有一定误差						
			D	与实际要求相差较大						
			E	差或未答题						
合计配分		20	合计得分							

考评员（签名）：

表 4－12　评定等级系数表

等级	A(优)	B(良)	C(及格)	D(较差)	E(差或未答题)
系数	1.0	0.8	0.6	0.2	0

注:评价要素得分＝配分×等级系数。

二、蔬菜园艺工(四级)操作技能鉴定考核

(一)试题名称:甘蓝播种、囤苗及病虫防治技术

1. 规定用时:25 min。
2. 操作条件:
(1)夏秋季甘蓝品种种子若干,甘蓝(播种出苗至2叶、1心)苗床50 m^2。
(2)50 m^2 阴棚以及耙子、刀。
(3)小拱棚、遮阳网。
3. 操作内容:
(1)苗床制作,浇透水,种子撒播。
(2)出苗至2叶、1心时,划土块,囤苗1次。
(3)选择苗期病虫害防治药剂并确定使用浓度。
4. 操作要求:
(1)种子撒播密度均匀。
(2)搭小拱棚并覆盖遮阳网。
(3)苗期防治病虫害药剂选择及其使用浓度确定正确。

考核评分见表4－13,评定等级系数见表4－14。

表 4－13　甘蓝播种、囤苗及病虫防治技术考核评分表

考生姓名：　　　　　　　　准考证号：

试题名称		甘蓝播种、囤苗及病虫防治技术			鉴定时限					25 min
评价要素		配分	等级	评分细则	评定等级					得分
					A	B	C	D	E	
苗床制作	地是否平整，是否浇透水	5	A	完全正确						
			B	地较平整，浇透水						
			C	地较平整，浇水不均匀						
			D	地不平整，浇水不均匀						
			E	差或未答题						
种子撒播	撒播密度、描述壮苗特征是否正确	5	A	完全正确						
			B	播种密度较均匀，壮苗特征描述基本正确						
			C	播种密度基本均匀，壮苗特征描述遗漏较多						
			D	播种不均匀，壮苗特征描述不正确						
			E	差或未答题						
囤苗	囤苗株、行距是否为 5～6 cm	5	A	完全正确						
			B	有一定误差						
			C	差距较大						
			D	不正确						
			E	差或未答题						
苗期病虫防治	防治措施是否正确	5	A	正确						
			B	防治用药正确，浓度误差在 20% 以内						
			C	防治用药正确，浓度误差为 20%～50%						
			D	防治用药不正确						
			E	差或未答题						
合计配分		20	合计得分							

考评员（签名）：

表 4－14　评定等级系数表

等级	A（优）	B（良）	C（及格）	D（较差）	E（差或未答题）
系数	1.0	0.8	0.6	0.2	0

注：评价要素得分＝配分×等级系数。

(二)试题名称:常见甘蓝病虫害的识别与防治

1. 规定用时:25 min。
2. 操作条件:田间。
3. 操作内容:略。
4. 操作要求:见表 4 – 16。

答题卷见表 4 – 15,考核评分见表 4 – 16,评定等级系数见表 4 – 17。

表 4 – 15　常见甘蓝病虫害的识别与防治答题卷

姓名:　　　　　　　　准考证号:

项目	黑腐病		菌核病		小菜蛾		菜青虫	
图片编号								
病害主要症状								
选用农药名称								
农药使用浓度								

表 4－16　常见甘蓝病虫害的识别与防治考核评分表

考生姓名：　　　　　　　　准考证号：

试题名称		常见甘蓝病虫害的识别与防治			鉴定时限				25 min	
评价要素		配分	等级	评分细则	评定等级					得分
					A	B	C	D	E	
甘蓝病害识别	名称是否正确，描述病害症状是否正确	5	A	完全正确						
			B	名称正确，描述病害症状遗漏 1～2 点						
			C	名称正确，描述病害症状遗漏较多						
			D	名称不正确						
			E	差或未答题						
甘蓝害虫识别	害虫名称是否正确，描述危害症状是否正确	5	A	完全正确						
			B	名称正确，描述危害症状遗漏 1～2 点						
			C	名称正确，描述危害症状遗漏较多						
			D	名称不正确						
			E	差或未答题						
杀菌剂	药剂名称及使用倍数是否正确	5	A	完全正确						
			B	药剂选择正确，使用倍数有一定误差						
			C	药剂选择基本正确（未全部选出），使用倍数有一定误差						
			D	药剂选择不正确						
			E	差或未答题						
杀虫剂	药剂名称及使用倍数是否正确	5	A	完全正确						
			B	药剂选择正确，使用倍数有一定误差						
			C	药剂选择基本正确（未全部选出），使用倍数有一定误差						
			D	药剂选择不正确						
			E	差或未答题						
合计配分		20	合计得分							

考评员（签名）：

表 4-17 评定等级系数表

等级	A(优)	B(良)	C(及格)	D(较差)	E(差或未答题)
系数	1.0	0.8	0.6	0.2	0

注:评价要素得分 = 配分 × 等级系数。

(三)试题名称:甘蓝茬口安排

1. 规定用时:25 min。

2. 操作条件:

(1)教室:20 m^2。

(2)工作台:500 cm × 50 cm × 70 cm(长 × 宽 × 高)。

(3)甘蓝及其他各类蔬菜实物。

(4)白纸、铅笔。

3. 操作内容:

(1)安排以甘蓝为主的茬口模式 3 种。

(2)记录茬口中各品种的生育期。

(3)记录主栽品种的产量并做出经济效益估算。

4. 操作要求:

(1)茬口模式、品种生育期准确。

(2)产量与效益估算基本正确。

考核评分见表 4-18,评定等级系数见表 4-19。

表 4－18　甘蓝茬口安排考核评分表。

考生姓名：　　　　　　　　　准考证号：

试题名称		甘蓝茬口安排			鉴定时限			25 min		
评价要素		配分	等级	评分细则	评定等级					得分
					A	B	C	D	E	
甘蓝茬口模式	主栽品种组装是否正确	5	A	完全正确						
			B	2 种茬口正确						
			C	1 种茬口正确						
			D	与实际要求相差较大						
			E	差或未答题						
各品种的生育期	播种期、收获期是否正确	10	A	完全正确						
			B	播种期、收获期基本正确						
			C	播种期、收获期有一定偏差						
			D	与实际要求相差较大						
			E	差或未答题						
产量和经济效益估算	产量估算、经济效益估算是否正确	5	A	误差 0～10%						
			B	误差 10%～20%						
			C	误差 20%～50%						
			D	误差 50% 以上						
			E	差或未答题						
合计配分		20	合计得分							

考评员（签名）：

表 4－19　评定等级系数表

等级	A（优）	B（良）	C（及格）	D（较差）	E（差或未答题）
系数	1.0	0.8	0.6	0.2	0

注：评价要素得分＝配分×等级系数。

附　录

一、蔬菜园艺工国家职业标准（摘录）

本职业共设五个等级，分别为初级（国家职业资格五级）、中级（国家职业资格四级）、高级（国家职业资格三级）、技师（国家职业资格二级）、高级技师（国家职业资格一级）。

本标准对初级、中级、高级、技师和高级技师的技能要求依次递进，高级别涵盖低级别的要求。

附表1-1　初级

职业功能	工作内容	技能要求	相关知识
育苗	（一）种子处理	1. 能够识别常见蔬菜的种子 2. 能进行常温浸种和温汤浸种 3. 能进行种子催芽	1. 种子识别知识 2. 浸种知识 3. 催芽知识
	（二）营养土配制	1. 能按配方配制营养土 2. 能进行营养土消毒	1. 基质特性知识 2. 营养土消毒方法
	（三）设施准备	1. 能准备育苗设施 2. 能进行育苗设施消毒	1. 育苗设施类型、结构知识 2. 消毒剂使用方法
	（四）苗床准备	能准备苗床	苗床制作知识
	（五）播种	能整平床土，浇足底水，适时、适量并适宜深度撒播、条播、点播或穴播，覆盖土及保温或降温材料	播种方式和方法
	（六）苗期管理	1. 能调节温度、湿度 2. 能调节光照 3. 能分苗和到苗 4. 能炼苗 5. 能防治病虫草害	1. 分苗知识 2. 炼苗知识 3. 苗期施药方法

续表

职业功能	工作内容	技能要求	相关知识
定植（直播）	（一）设施准备	1. 能准备栽培设施 2. 能进行栽培设施消毒	1. 栽培设施类型、结构知识 2. 消毒剂使用方法
	（二）整地	1. 能耕翻土壤 2. 能整平地块 3. 能开排灌沟	土壤结构知识
	（三）施基肥	能普施基肥，并结合深翻使土肥混匀，还能沟施基肥	1. 有机肥使用方法 2. 化肥使用方法
	（四）作畦	能作平畦、高畦或垄	栽培畦的类型、规格知识
	（五）移栽（播种）	能开沟或开穴，浇好移栽（播种）水，适时并适宜深度、密度移栽（播种）	1. 移栽（播种）密度知识 2. 移栽（播种）方法
田间管理	（一）环境调控	1. 能调节温度、湿度 2. 能调节光照 3. 能防治土壤盐渍化 4. 能通风换气，防止氨气、二氧化硫、一氧化碳有害气体中毒	环境调控方法
	（二）肥水管理	1. 能追肥、补充二氧化碳 2. 能给蔬菜浇水 3. 能进行叶面追肥	适时追肥、浇水知识
	（三）植株调整	1. 能插架绑蔓（吊蔓） 2. 能摘心、打杈、摘除老叶和病叶 3. 能保花保果、疏花疏果	植株调整方法
	（四）病虫草害防治	能防治病虫草害	施药方法
	（五）采收	能按蔬菜外观质量标准采收	采收方法
	（六）清洁田园	能清理植株残体和杂物	田园清洁方法
采后处理	（一）质量检测	能按标准判定产品外观质量	产品外观特性知识
	（二）整理	能按蔬菜外观质量标准整理产品	蔬菜整理方法
	（三）清洗	1. 能清洗产品 2. 能空水	蔬菜清洗方法
	（四）分级	能按蔬菜外观质量标准对产品分级	蔬菜分级方法
	（五）包装	能包装产品	蔬菜包装方法

附表 1-2 中级

职业功能	工作内容	技能要求	相关知识
育苗	(一)种子处理	1. 能根据作物种子特性确定温汤浸种的温度、时间和方法 2. 能根据作物种子特性确定催芽的温度、时间和方法 3.能进行开水烫种和药剂处理 4.能采用干热法处理种子	1. 开水烫种知识 2. 种子药剂处理知识 3. 种子干热处理知识
	(二)营养土配制	1. 能根据蔬菜作物的生理性特性确定配制营养土的材料及配方 2. 能确定营养土消毒药剂	1. 营养土特性知识 2. 基质和有机肥病虫源知识 3. 农药知识 4. 肥料特性知识
	(三)设施准备	1. 能确定育苗设施的类型和结构参数 2. 能确定育苗设施消毒所使用的药剂	1. 育苗设施性能、应用知识 2. 育苗设施病虫源知识
	(四)苗床准备	能计算苗床面积	苗床面积知识
	(五)播种	1. 能确定播种期 2. 能计算播种量	1. 播种量知识 2. 播种期知识
	(六)苗期管理	1. 能针对栽培作物的苗期生育特性确定温、湿度管理措施 2. 能针对栽培作物的苗期生育特性确定光照管理措施 3. 能确定分苗、调整位置时期 4. 能确定炼苗时期和管理措施 5. 能确定病虫防治药剂	1. 壮苗标准知识 2. 苗期温度管理知识 3. 苗期水分管理知识 4. 苗期光照管理知识

续表

职业功能	工作内容	技能要求	相关知识
定植（直播）	（一）设施准备	1. 能确定栽培设施类型和结构参数 2. 能确定栽培设施消毒所使用的药剂	1. 栽培设施性能、应用知识 2. 栽培设施病虫源知识
	（二）整地	1. 能确定土壤耕翻适期和深度 2. 能确定排灌沟布局和规格	1. 地下水位知识 2. 降雨量知识
	（三）施基肥	能确定基肥施用种类和数量	1. 蔬菜对营养元素的需要量知识 2. 土壤肥力知识 3. 肥料利用率知识
	（四）作畦	能确定栽培畦的类型、规格及方向	栽培畦特点知识
	（五）移栽（播种）	1. 能确定移栽（播种）日期 2. 能确定移栽（播种）密度 3. 能确定移栽（播种）方法	1. 适时移栽（直播）知识 2. 合理密植知识
田间管理	（一）环境调控	1. 能确定温、湿度管理措施 2. 能确定光照管理措施 3. 能确定土壤盐渍化综合防治措施 4. 能确定有害气体的种类、出现的时间和防止方法	1. 田间温度要求知识 2. 田间水分要求知识 3. 田间光照要求知识 4. 土壤盐渍化知识
	（二）肥水管理	1. 能确定追肥的种类和比例 2. 能确定追肥时期和方法 3. 能确定浇水时期和数量 4. 能确定叶面追肥的种类、浓度、时期和方法	1. 蔬菜追肥知识 2. 蔬菜灌溉知识
	（三）植株调整	1. 能确定插架绑蔓（吊蔓）的时期和方法 2. 能确定摘心、打杈、摘除老叶和病叶的时期和方法 3. 能确定保花保果、疏花疏果的时期和方法	营养生长与生殖生长的关系知识
	（四）病虫草害防治	能确定病虫草害防治使用的药剂和方法	田间用药方法
	（五）采收	1. 能按蔬菜外观质量标准确定采收时期 2. 能确定采收方法	1. 采收时期知识 2. 外观质量标准知识
	（六）清洁田园	能对植株残体、杂物进行无害化处理	无害化处理知识

续表

职业功能	工作内容	技能要求	相关知识
采后处理	(一)质量检测	1. 能确定产品外观质量标准 2. 能进行质量检测采样	抽样知识
	(二)整理	能准备整理设备	整理设备知识
	(三)清洗	能准备清洗设备	清洗设备知识
	(四)分级	能准备分级设备	分级设备知识
	(五)包装	能选定包装材料和设备	包装材料和设备知识

附表 1-3　高级

职业功能	工作内容	技能要求	相关知识
育苗	苗期管理	1. 能根据秧苗长势,调整管理措施 2. 能识别常见苗期病虫害,并确定防治措施	1. 苗情诊断知识 2. 苗期病虫害症状知识
田间管理	(一)环境调控	能根据植株长势,调整环境调控措施	蔬菜与生长环境知识
	(二)肥水管理	1. 能识别常见的缺素和营养过剩症状 2. 能根据植株长势,调整肥水管理措施	常见缺素和营养过剩症知识
	(三)植株调整	能根据植株长势,修改植株调整措施	蔬菜生长相关性知识
	(四)病虫草害防治	1. 能组织、实施病虫草害综合防治 2. 能识别常见蔬菜病虫害	常见蔬菜病虫害知识
采后处理	(一)质量检测	能定性检测蔬菜中的农药残留和亚硝酸盐	农药残留和亚硝酸盐定性检测方法
	(二)分级	能选定分级标准	现有标准知识
技术管理	(一)落实生产计划	能组织、实施年度生产计划	出口安排知识
	(二)制定技术操作规程	能制定技术操作规程	蔬菜栽培管理知识

附表 1-4 技师

职业功能	工作内容	技能要求	相关知识
育苗	苗期管理	1. 能识别苗期各种生理性病害，并制定防治措施 2. 能识别苗期各种侵染性病害、虫害，并制定防治措施	苗期病虫害知识
田间管理	(一)环境调控	能鉴别因环境调控不当引起的生理性病害，并根据植株长势制定防治措施	蔬菜生理障碍知识
	(二)肥水管理	能识别各种缺素和营养过剩症状，并制定防治措施	1. 缺素症知识 2. 营养过剩症知识
	(三)病虫草害防治	1. 能制定病虫草害综合防治方案 2. 能识别各种蔬菜病虫害	1. 蔬菜病虫害知识 2. 菜田除草知识
采后处理	(一)质量检测	能制定企业产品质量标准	蔬菜产品质量标准知识
	(二)分级	能制定产品分级标准	蔬菜质量知识
	(三)包装	能根据产品特性设计包装	包装设计知识
技术管理	(一)编制生产计划	1. 能够调研蔬菜生产量、供应期和价格 2. 能安排蔬菜生产茬口 3. 能制定农资采购计划 4. 能对现有人员进行合理分工	1. 周年生产知识 2. 人员管理知识
	(二)技术评估	能评估技术措施应用效果，对存在问题提出改进方案	评估方法
	(三)种子鉴定	1. 能测定种子的纯度和发芽率 2. 能鉴定种子的生活力	种子鉴定知识
	(四)技术开发	1. 能针对生产中存在的问题，提出攻关课题，并开展试验研究 2. 能有计划地引进试验示范推广新技术	田间试验设计与统计知识
培训指导	(一)制定培训计划	能制定初、中级工培训计划	初中级职业标准
	(二)培训与指导	1. 能准备初、中级培训资料、实验用材和实习现场 2. 能给初、中级授课、实验示范和实训示范 3. 能指导初、中级生产	农业技术培训方法

附表 1－5　高级技师

职业功能	工作内容	技能要求	相关知识
技术管理	(一)编制种植计划	1. 能对市场调研结果进行分析,调整种植计划 2. 能预测市场的变化,研究提出新的茬口 3. 引进推广新的农用资材	1. 市场预测知识 2. 耕作制度知识
	(二)技术开发	能预测蔬菜的发展趋势,并提出攻关课题,开展试验研究	蔬菜产销动态知识
	(三)资源调配	能合理配置本单位的生产资源	资源管理知识
培训指导	(一)制定培训计划	能制定高级工、技师和高级技师培训计划	高级工、技师和高级技师职业标准
	(二)培训与指导	1. 能准备高级工、技师和高级技师培训资料、实验用材和实习现场 2. 能给高级工、技师和高级技师授课、实验示范和实训示范 3. 能指导高级工、技师和高级技师生产	1. 教育学基础知识 2. 心理学基础知识

附表 1－6　理论知识比重表

项 目		初级/%	中级/%	高级/%	技师/%	高级技师/%
基本要求	职业道德	5	5	5	5	5
	基础知识	10	10	10	10	10
相关知识	育苗	25	30	10	5	—
	定植(直播)	20	20	—	—	—
	田间管理	30	25	40	20	—
	采后处理	10	10	15	10	—
	技术管理	—	—	20	25	50
	培训指导	—	—	—	25	35
合计		100	100	100	100	100

附表 1－7 技能操作比重表

项目		初级/%	中级/%	高级/%	技师/%	高级技师/%
工作要求	育苗	35	40	10	5	—
	定植(直播)	20	15	—	—	—
	田间管理	35	35	50	25	—
	采后处理	10	10	10	10	—
	技术管理	—	—	30	40	65
	培训指导	—	—	—	20	35
合计		100	100	100	100	100

二、蔬菜园艺工理论鉴定要素细目表(三级)

附表 1－8 蔬菜园艺工理论鉴定要素细目表(三级)

职业(工种)名称					蔬菜园艺工	等级	三级
职业代码							
序号	鉴定点代码				鉴定点内容	备注	
	章	节	目	点			
	1				蔬菜栽培基础		
	1	1			蔬菜种类识别		
	1	1	1		蔬菜分类		
1	1	1	1	1	植物学的分类		
2	1	1	1	2	按照食用部位的分类		
3	1	1	1	3	农业生物学分类		
	1	1	2		主要蔬菜种类的识别		
4	1	1	2	1	瓜类蔬菜基本知识		
5	1	1	2	2	瓜类蔬菜主要特征		
6	1	1	2	3	茄果类蔬菜基本知识		
7	1	1	2	4	茄果类蔬菜主要特征		
8	1	1	2	5	甘蓝类蔬菜主要特征与识别		
9	1	1	2	6	白菜类蔬菜主要特征与识别		
10	1	1	2	7	根菜类蔬菜主要特征与识别		
11	1	1	2	8	豆类蔬菜主要特征与识别		
12	1	1	2	9	绿叶菜类蔬菜主要特征与识别		
13	1	1	2	10	葱蒜类蔬菜主要特征与识别		
14	1	1	2	11	薯芋蔬菜主要特征与识别		
15	1	1	2	12	水生蔬菜主要特征与识别		

续表

<table>
<tr><td colspan="5">职业（工种）名称</td><td>蔬菜园艺工</td><td rowspan="2">等级</td><td rowspan="2">三级</td></tr>
<tr><td colspan="5">职业代码</td><td></td></tr>
<tr><td rowspan="2">序号</td><td colspan="4">鉴定点代码</td><td colspan="2" rowspan="2">鉴定点内容</td><td rowspan="2">备注</td></tr>
<tr><td>章</td><td>节</td><td>目</td><td>点</td></tr>
<tr><td>16</td><td>1</td><td>1</td><td>2</td><td>13</td><td colspan="2">多年生蔬菜主要特征与识别</td><td></td></tr>
<tr><td></td><td>1</td><td>2</td><td></td><td></td><td colspan="2">播种育苗</td><td></td></tr>
<tr><td></td><td>1</td><td>2</td><td>1</td><td></td><td colspan="2">保护地育苗</td><td></td></tr>
<tr><td>17</td><td>1</td><td>2</td><td>1</td><td>1</td><td colspan="2">育苗设备</td><td></td></tr>
<tr><td>18</td><td>1</td><td>2</td><td>1</td><td>2</td><td colspan="2">培养土及其配制</td><td></td></tr>
<tr><td>19</td><td>1</td><td>2</td><td>1</td><td>3</td><td colspan="2">营养钵育苗</td><td></td></tr>
<tr><td>20</td><td>1</td><td>2</td><td>1</td><td>4</td><td colspan="2">电加温线育苗</td><td></td></tr>
<tr><td>21</td><td>1</td><td>2</td><td>1</td><td>5</td><td colspan="2">育苗覆盖材料</td><td></td></tr>
<tr><td>22</td><td>1</td><td>2</td><td>1</td><td>6</td><td colspan="2">蔬菜集约化育苗</td><td></td></tr>
<tr><td>23</td><td>1</td><td>2</td><td>1</td><td>7</td><td colspan="2">工厂化育苗技术</td><td></td></tr>
<tr><td></td><td>1</td><td>2</td><td>2</td><td></td><td colspan="2">种子的选择和处理</td><td></td></tr>
<tr><td>24</td><td>1</td><td>2</td><td>2</td><td>1</td><td colspan="2">种子质量指标</td><td></td></tr>
<tr><td>25</td><td>1</td><td>2</td><td>2</td><td>2</td><td colspan="2">种子药剂消毒</td><td></td></tr>
<tr><td>26</td><td>1</td><td>2</td><td>2</td><td>3</td><td colspan="2">种子浸种处理</td><td></td></tr>
<tr><td>27</td><td>1</td><td>2</td><td>2</td><td>4</td><td colspan="2">种子催芽</td><td></td></tr>
<tr><td>28</td><td>1</td><td>2</td><td>2</td><td>5</td><td colspan="2">播种技术</td><td></td></tr>
<tr><td>29</td><td>1</td><td>2</td><td>2</td><td>6</td><td colspan="2">苗期管理技术</td><td></td></tr>
<tr><td></td><td>1</td><td>3</td><td></td><td></td><td colspan="2">生长管理</td><td></td></tr>
<tr><td></td><td>1</td><td>3</td><td>1</td><td></td><td colspan="2">保护地设施</td><td></td></tr>
<tr><td>30</td><td>1</td><td>3</td><td>1</td><td>1</td><td colspan="2">设施类型</td><td></td></tr>
<tr><td></td><td>1</td><td>3</td><td>2</td><td></td><td colspan="2">栽培方式</td><td></td></tr>
<tr><td>31</td><td>1</td><td>3</td><td>2</td><td>1</td><td colspan="2">栽培方式类型</td><td></td></tr>
<tr><td></td><td>1</td><td>3</td><td>3</td><td></td><td colspan="2">定植</td><td></td></tr>
<tr><td>32</td><td>1</td><td>3</td><td>3</td><td>1</td><td colspan="2">畦的类型及方向</td><td></td></tr>
<tr><td>33</td><td>1</td><td>3</td><td>3</td><td>2</td><td colspan="2">定植时间、方法、密度</td><td></td></tr>
<tr><td></td><td>1</td><td>3</td><td>4</td><td></td><td colspan="2">植株整理</td><td></td></tr>
<tr><td>34</td><td>1</td><td>3</td><td>4</td><td>1</td><td colspan="2">植株调整方法</td><td></td></tr>
<tr><td>35</td><td>1</td><td>3</td><td>4</td><td>2</td><td colspan="2">番茄整枝</td><td></td></tr>
<tr><td></td><td>1</td><td>3</td><td>5</td><td></td><td colspan="2">施肥</td><td></td></tr>
<tr><td>36</td><td>1</td><td>3</td><td>5</td><td>1</td><td colspan="2">蔬菜需肥特点</td><td></td></tr>
<tr><td>37</td><td>1</td><td>3</td><td>5</td><td>2</td><td colspan="2">叶菜类蔬菜需肥特点</td><td></td></tr>
</table>

续表

职业(工种)名称					蔬菜园艺工	等级	三级
职业代码							
序号	鉴定点代码				鉴定点内容		备注
	章	节	目	点			
38	1	3	5	3	茄果类蔬菜需肥特点		
39	1	3	5	4	瓜类蔬菜需肥特点		
40	1	3	5	5	根菜类蔬菜需肥特点		
41	1	3	5	6	豆类蔬菜需肥特点		
42	1	3	5	6	葱蒜类蔬菜需肥特点		
43	1	3	5	7	基肥		
44	1	3	5	8	追肥		
45	1	3	5	9	施肥量的确定		
	1	3	6		水分管理		
46	1	3	6	1	不同蔬菜水分吸收		
47	1	3	6	2	蔬菜水分管理		
	1	3	7		植物保护		
48	1	3	7	1	侵染性病害和非侵染性病害		
49	1	3	7	2	植物病害的症状		
50	1	3	7	3	真菌性病害		
51	1	3	7	4	细菌性病害		
52	1	3	7	5	病毒性病害		
53	1	3	7	6	线虫性病害		
54	1	3	7	7	病原物的侵染过程和病害循环		
55	1	3	7	8	芦笋茎枯病、菌核病危害与防治		
56	1	3	7	9	草莓白粉病、灰霉病危害与防治		
57	1	3	7	10	茭白黑粉病、胡麻斑病危害与防治		
58	1	3	7	11	玉米锈病、大斑病、小斑病危害与防治		
59	1	3	7	12	害虫的发育阶段		
60	1	3	7	13	害虫的分类		
61	1	3	7	14	害虫的口器		
62	1	3	7	15	害虫的生殖方式		
63	1	3	7	16	葱蓟马、葱潜叶蝇危害与防治		
64	1	3	7	17	茭白螟虫、长绿飞虱危害与防治		
	1	4			采后处理		
	1	4	1		产品质量		

续表

职业（工种）名称					蔬菜园艺工	等级	三级
职业代码							
序号	鉴定点代码				鉴定点内容	备注	
	章	节	目	点			
65	1	4	1	1	产品质量检测方法		
66	1	4	1	2	检测样本的制备、贮存方法		
67	1	4	1	3	蔬菜产品质量标准		
	1	4	2		整理和清洗		
68	1	4	2	1	整理和清洗方法		
	1	4	3		分级		
69	1	4	3	1	蔬菜产品分级方法		
	1	4	4		贮藏、保鲜		
70	1	4	4	1	贮藏过程中生理变化和保鲜		
71	1	4	4	2	预冷方法		
72	1	4	4	3	保鲜技术		
	1	5			种子技术		
	1	5	1		种质资源		
73	1	5	1	1	种质资源基本知识		
	1	5	2		选种		
74	1	5	2	1	选种方法		
	1	5	3		育种		
75	1	5	3	1	引种		
76	1	5	3	2	提纯复壮		
77	1	5	3	3	雄性不育系		
78	1	5	3	4	杂交育种		
79	1	5	3	4	番茄杂交制种		
80	1	5	3	5	茄子杂交制种		
81	1	5	3	6	黄瓜杂交制种		
82	1	5	3	7	花椰菜杂交制种		
83	1	5	3	8	甘蓝杂交制种		
	1	5	4		种子贮藏		
84	1	5	4	1	种子贮藏对环境条件的要求		
85	1	5	4	2	种子贮藏对包装的要求		
86	1	5	4	3	种子贮藏方法		
87	1	5	4	4	种子的保存		

续表

职业(工种)名称					蔬菜园艺工	等级	三级
职业代码							
序号	鉴定点代码				鉴定点内容		备注
	章	节	目	点			
	1	6			蔬菜基础实用技术		
	1	6	1		设施栽培与覆盖		
88	1	6	1	1	二氧化碳施肥技术		
89	1	6	1	2	滴灌、微喷技术		
90	1	6	1	3	地膜覆盖技术		
91	1	6	1	4	遮阳网覆盖技术		
92	1	6	1	5	无纺布覆盖技术		
93	1	6	1	6	防虫网覆盖技术		
	1	6	2		蔬菜茬口安排		
94	1	6	2	1	蔬菜茬口安排原则		
95	1	6	2	2	不同种类蔬菜茬口安排模式		
	1	6	3		蔬菜无土栽培技术		
96	1	6	3	1	无土栽培形式		
97	1	6	3	2	不同蔬菜无土栽培技术		
	1	6	4		蔬菜病虫害绿色防控技术		
98	1	6	4	1	性诱剂使用技术		
99	1	6	4	2	杀虫灯使用技术		
100	1	6	4	3	色板使用技术		
	1	6	5		农药科学使用技术		
101	1	6	5	1	农药分类		
102	1	6	5	2	杀虫剂分类		
103	1	6	5	3	杀菌剂分类		
104	1	6	5	4	除草剂分类		
105	1	6	5	5	植物生长调节剂分类		
106	1	6	5	6	农药剂型		
107	1	6	5	7	农药毒性		
108	1	6	5	8	农药的最高残留量与安全间隔期		
109	1	6	5	9	农药使用方法与配制方法		
110	1	6	5	10	农药药害及其处理		
111	1	6	5	11	农药使用的防护与救治		

续表

<table>
<tr><td colspan="5">职业（工种）名称</td><td>蔬菜园艺工</td><td rowspan="2">等级</td><td rowspan="2">三级</td></tr>
<tr><td colspan="5">职业代码</td><td></td></tr>
<tr><td rowspan="2">序号</td><td colspan="4">鉴定点代码</td><td colspan="2" rowspan="2">鉴定点内容</td><td rowspan="2">备注</td></tr>
<tr><td>章</td><td>节</td><td>目</td><td>点</td></tr>
<tr><td></td><td>1</td><td>6</td><td>6</td><td></td><td colspan="2">土壤次生盐渍化防治技术</td><td></td></tr>
<tr><td>112</td><td>1</td><td>6</td><td>6</td><td>1</td><td colspan="2">土壤次生盐渍化成因</td><td></td></tr>
<tr><td>113</td><td>1</td><td>6</td><td>6</td><td>2</td><td colspan="2">解决次生盐渍化的措施——合理安排茬口</td><td></td></tr>
<tr><td>114</td><td>1</td><td>6</td><td>6</td><td>3</td><td colspan="2">解决次生盐渍化的措施——土壤改良</td><td></td></tr>
<tr><td>115</td><td>1</td><td>6</td><td>6</td><td>4</td><td colspan="2">解决次生盐渍化的措施——工程控制</td><td></td></tr>
<tr><td>116</td><td>1</td><td>6</td><td>6</td><td>5</td><td colspan="2">解决次生盐渍化的措施——科学施肥</td><td></td></tr>
<tr><td></td><td>2</td><td></td><td></td><td></td><td colspan="2">瓜类蔬菜栽培技术</td><td></td></tr>
<tr><td>117</td><td>2</td><td>0</td><td>0</td><td>1</td><td colspan="2">瓜类蔬菜基础知识</td><td></td></tr>
<tr><td></td><td>2</td><td>1</td><td></td><td></td><td colspan="2">瓜类蔬菜特征特性与识别</td><td></td></tr>
<tr><td></td><td>2</td><td>1</td><td>1</td><td></td><td colspan="2">黄瓜的识别</td><td></td></tr>
<tr><td>118</td><td>2</td><td>1</td><td>1</td><td>1</td><td colspan="2">黄瓜植物学特性</td><td></td></tr>
<tr><td>119</td><td>2</td><td>1</td><td>1</td><td>2</td><td colspan="2">黄瓜对环境条件的要求</td><td></td></tr>
<tr><td>120</td><td>2</td><td>1</td><td>1</td><td>3</td><td colspan="2">黄瓜的类型</td><td></td></tr>
<tr><td>121</td><td>2</td><td>1</td><td>1</td><td>4</td><td colspan="2">黄瓜主要品种</td><td></td></tr>
<tr><td></td><td>2</td><td>1</td><td>2</td><td></td><td colspan="2">其他瓜类蔬菜的识别</td><td></td></tr>
<tr><td>122</td><td>2</td><td>1</td><td>2</td><td>1</td><td colspan="2">冬瓜、节瓜、南瓜、菜瓜的识别</td><td></td></tr>
<tr><td>123</td><td>2</td><td>1</td><td>2</td><td>2</td><td colspan="2">丝瓜、苦瓜、瓠瓜的识别</td><td></td></tr>
<tr><td>124</td><td>2</td><td>1</td><td>2</td><td>3</td><td colspan="2">金瓜、西葫芦、佛手瓜的识别</td><td></td></tr>
<tr><td></td><td>2</td><td>2</td><td></td><td></td><td colspan="2">瓜类蔬菜栽培技术</td><td></td></tr>
<tr><td></td><td>2</td><td>2</td><td>1</td><td></td><td colspan="2">黄瓜春季大棚栽培技术</td><td></td></tr>
<tr><td>125</td><td>2</td><td>2</td><td>1</td><td>1</td><td colspan="2">播种育苗技术</td><td></td></tr>
<tr><td>126</td><td>2</td><td>2</td><td>1</td><td>2</td><td colspan="2">定植及田间管理技术</td><td></td></tr>
<tr><td>127</td><td>2</td><td>2</td><td>1</td><td>3</td><td colspan="2">肥水管理及采收包装技术</td><td></td></tr>
<tr><td></td><td>2</td><td>2</td><td>2</td><td></td><td colspan="2">黄瓜夏秋栽培技术</td><td></td></tr>
<tr><td>128</td><td>2</td><td>2</td><td>2</td><td>1</td><td colspan="2">品种选择及播种育苗技术</td><td></td></tr>
<tr><td>129</td><td>2</td><td>2</td><td>2</td><td>2</td><td colspan="2">定植、田间管理、采收技术</td><td></td></tr>
<tr><td></td><td>2</td><td>2</td><td>3</td><td></td><td colspan="2">黄瓜嫁接技术</td><td></td></tr>
<tr><td>130</td><td>2</td><td>2</td><td>3</td><td>1</td><td colspan="2">嫁接基础知识</td><td></td></tr>
<tr><td>131</td><td>2</td><td>2</td><td>3</td><td>2</td><td colspan="2">嫁接方法及嫁接后管理</td><td></td></tr>
<tr><td></td><td>2</td><td>2</td><td>4</td><td></td><td colspan="2">其他瓜类蔬菜栽培技术</td><td></td></tr>
<tr><td>132</td><td>2</td><td>2</td><td>4</td><td>1</td><td colspan="2">冬瓜栽培技术</td><td></td></tr>
</table>

续表

职业(工种)名称					蔬菜园艺工	等级	三级
职业代码							
序号	鉴定点代码				鉴定点内容		备注
	章	节	目	点			
133	2	2	4	2	南瓜栽培技术		
134	2	2	4	3	丝瓜栽培技术		
135	2	2	4	4	金瓜栽培技术		
136	2	2	4	5	苦瓜栽培技术		
137	2	2	4	6	西葫芦栽培技术		
138	2	2	4	7	瓠瓜栽培技术		
139	2	2	4	8	佛手瓜栽培技术		
	2	3			主要病虫害的发生与防治		
	2	3	1		瓜类主要病害的发生与防治		
140	2	3	1	1	瓜类霜霉病发生与防治		
141	2	3	1	2	瓜类白粉病发生与防治		
142	2	3	1	3	瓜类疫病、炭疽病发生与防治		
143	2	3	1	4	瓜类枯萎病发生与防治		
144	2	3	1	5	瓜类灰霉病、蔓枯病发生与防治		
145	2	3	1	6	黄瓜病毒病发生与防治		
146	2	3	1	7	黄瓜细菌性角斑病发生与防治		
147	2	3	1	8	瓜类根结线虫病发生与防治		
148	2	3	1	9	冬瓜绵疫病危害与防治		
	2	3	2		瓜类主要虫害发生与防治		
149	2	3	2	1	瓜类黄守瓜发生与防治		
150	2	3	2	2	瓜类瓜绢螟发生与防治		
151	2	3	2	3	瓜类烟粉虱发生与防治		
152	2	3	2	4	瓜类瓜蓟马、瓜蚜发生与防治		
153	2	3	2	5	瓜类红蜘蛛、美洲斑潜蝇发生与防治		
	2	4			制订瓜类蔬菜生产计划		
	2	4	1		瓜类蔬菜茬口安排		
154	2	4	1	1	春黄瓜的茬口安排		
155	2	4	1	2	夏秋黄瓜的茬口安排		
156	2	4	1	3	其他瓜类茬口安排		
157	2	4	1	4	瓜类蔬菜的留种安排		
	3				茄果类蔬菜栽培技术		

续表

<table>
<tr><td colspan="5">职业(工种)名称</td><td>蔬菜园艺工</td><td rowspan="2">等级</td><td rowspan="2">三级</td></tr>
<tr><td colspan="5">职业代码</td><td></td></tr>
<tr><td rowspan="2">序号</td><td colspan="4">鉴定点代码</td><td colspan="2" rowspan="2">鉴定点内容</td><td rowspan="2">备注</td></tr>
<tr><td>章</td><td>节</td><td>目</td><td>点</td></tr>
<tr><td>158</td><td>3</td><td>0</td><td>0</td><td>1</td><td colspan="2">茄果类蔬菜基础知识</td><td></td></tr>
<tr><td></td><td>3</td><td>1</td><td></td><td></td><td colspan="2">茄果类蔬菜的特征特性与识别</td><td></td></tr>
<tr><td></td><td>3</td><td>1</td><td>1</td><td></td><td colspan="2">番茄的特征特性与识别</td><td></td></tr>
<tr><td>159</td><td>3</td><td>1</td><td>1</td><td>1</td><td colspan="2">番茄植物学特性</td><td></td></tr>
<tr><td>160</td><td>3</td><td>1</td><td>1</td><td>2</td><td colspan="2">番茄对环境条件的要求</td><td></td></tr>
<tr><td>161</td><td>3</td><td>1</td><td>1</td><td>3</td><td colspan="2">番茄的生物学分类</td><td></td></tr>
<tr><td>162</td><td>3</td><td>1</td><td>1</td><td>4</td><td colspan="2">番茄的园艺学分类(生长习性)</td><td></td></tr>
<tr><td>163</td><td>3</td><td>1</td><td>1</td><td>5</td><td colspan="2">番茄的园艺学分类(果实大小)</td><td></td></tr>
<tr><td>164</td><td>3</td><td>1</td><td>1</td><td>6</td><td colspan="2">番茄的园艺学分类(果实形状)</td><td></td></tr>
<tr><td>165</td><td>3</td><td>1</td><td>1</td><td>7</td><td colspan="2">番茄主要品种</td><td></td></tr>
<tr><td></td><td>3</td><td>1</td><td>2</td><td></td><td colspan="2">其他茄果类蔬菜特征特性与识别</td><td></td></tr>
<tr><td>166</td><td>3</td><td>1</td><td>2</td><td>1</td><td colspan="2">辣椒(甜椒)的特征特性与识别</td><td></td></tr>
<tr><td>167</td><td>3</td><td>1</td><td>2</td><td>2</td><td colspan="2">茄子的特征特性与识别</td><td></td></tr>
<tr><td></td><td>3</td><td>2</td><td></td><td></td><td colspan="2">茄果类蔬菜栽培技术</td><td></td></tr>
<tr><td></td><td>3</td><td>2</td><td>1</td><td></td><td colspan="2">番茄春季大棚栽培技术</td><td></td></tr>
<tr><td>168</td><td>3</td><td>2</td><td>1</td><td>1</td><td colspan="2">播种育苗技术</td><td></td></tr>
<tr><td>169</td><td>3</td><td>2</td><td>1</td><td>2</td><td colspan="2">定植技术</td><td></td></tr>
<tr><td>170</td><td>3</td><td>2</td><td>1</td><td>3</td><td colspan="2">田间管理技术</td><td></td></tr>
<tr><td>171</td><td>3</td><td>2</td><td>1</td><td>4</td><td colspan="2">采收与包装技术</td><td></td></tr>
<tr><td></td><td>3</td><td>2</td><td>2</td><td></td><td colspan="2">番茄秋季栽培技术</td><td></td></tr>
<tr><td>172</td><td>3</td><td>2</td><td>2</td><td>1</td><td colspan="2">品种选择与播种育苗</td><td></td></tr>
<tr><td>173</td><td>3</td><td>2</td><td>2</td><td>2</td><td colspan="2">整地与定植技术</td><td></td></tr>
<tr><td>174</td><td>3</td><td>2</td><td>2</td><td>3</td><td colspan="2">田间管理及采收技术</td><td></td></tr>
<tr><td>175</td><td>3</td><td>2</td><td>2</td><td>4</td><td colspan="2">番茄的包装</td><td></td></tr>
<tr><td></td><td>3</td><td>2</td><td>3</td><td></td><td colspan="2">辣椒栽培技术</td><td></td></tr>
<tr><td>176</td><td>3</td><td>2</td><td>3</td><td>1</td><td colspan="2">辣椒的作型</td><td></td></tr>
<tr><td>177</td><td>3</td><td>2</td><td>3</td><td>2</td><td colspan="2">品种、播种育苗、定植与田间管理</td><td></td></tr>
<tr><td></td><td>3</td><td>2</td><td>4</td><td></td><td colspan="2">茄子栽培技术</td><td></td></tr>
<tr><td>178</td><td>3</td><td>2</td><td>4</td><td>1</td><td colspan="2">茄子的作型</td><td></td></tr>
<tr><td>179</td><td>3</td><td>2</td><td>4</td><td>2</td><td colspan="2">茄子特早熟栽培技术</td><td></td></tr>
<tr><td>180</td><td>3</td><td>2</td><td>4</td><td>3</td><td colspan="2">茄子大棚栽培技术</td><td></td></tr>
</table>

续表

<table>
<tr><td colspan="5">职业（工种）名称</td><td>蔬菜园艺工</td><td rowspan="2">等级</td><td rowspan="2">三级</td></tr>
<tr><td colspan="5">职业代码</td><td></td></tr>
<tr><td rowspan="2">序号</td><td colspan="4">鉴定点代码</td><td colspan="2" rowspan="2">鉴定点内容</td><td rowspan="2">备注</td></tr>
<tr><td>章</td><td>节</td><td>目</td><td>点</td></tr>
<tr><td>181</td><td>3</td><td>2</td><td>4</td><td>4</td><td colspan="2">茄子小环棚、露地栽培技术</td><td></td></tr>
<tr><td></td><td>3</td><td>3</td><td></td><td></td><td colspan="2">茄果类蔬菜主要病虫害识别与防治</td><td></td></tr>
<tr><td></td><td>3</td><td>3</td><td>1</td><td></td><td colspan="2">茄果类蔬菜主要病害识别与防治</td><td></td></tr>
<tr><td>182</td><td>3</td><td>3</td><td>1</td><td>1</td><td colspan="2">茄果类猝倒病、立枯病发生与防治</td><td></td></tr>
<tr><td>183</td><td>3</td><td>3</td><td>1</td><td>2</td><td colspan="2">番茄早疫病、晚疫病发生与防治</td><td></td></tr>
<tr><td>184</td><td>3</td><td>3</td><td>1</td><td>3</td><td colspan="2">番茄灰霉病、叶霉病发生与防治</td><td></td></tr>
<tr><td>185</td><td>3</td><td>3</td><td>1</td><td>4</td><td colspan="2">番茄病毒病发生与防治</td><td></td></tr>
<tr><td>186</td><td>3</td><td>3</td><td>1</td><td>5</td><td colspan="2">番茄青枯病、脐腐病发生与防治</td><td></td></tr>
<tr><td>187</td><td>3</td><td>3</td><td>1</td><td>6</td><td colspan="2">茄子、辣椒其他病害危害与防治</td><td></td></tr>
<tr><td>188</td><td>3</td><td>3</td><td>1</td><td>7</td><td colspan="2">番茄其他病害危害与防治</td><td></td></tr>
<tr><td></td><td>3</td><td>3</td><td>2</td><td></td><td colspan="2">茄果类蔬菜主要虫害识别与防治</td><td></td></tr>
<tr><td>189</td><td>3</td><td>3</td><td>2</td><td>1</td><td colspan="2">茄果类烟粉虱发生与防治</td><td></td></tr>
<tr><td>190</td><td>3</td><td>3</td><td>2</td><td>2</td><td colspan="2">茄果类美洲斑潜蝇发生与防治</td><td></td></tr>
<tr><td>191</td><td>3</td><td>3</td><td>2</td><td>3</td><td colspan="2">茄子茶黄螨、红蜘蛛发生与防治</td><td></td></tr>
<tr><td>192</td><td>3</td><td>3</td><td>2</td><td>4</td><td colspan="2">茄二十八星瓢虫发生与防治</td><td></td></tr>
<tr><td>193</td><td>3</td><td>3</td><td>2</td><td>5</td><td colspan="2">辣椒烟青虫发生与防治</td><td></td></tr>
<tr><td>194</td><td>3</td><td>3</td><td>2</td><td>6</td><td colspan="2">地中海实蝇危害与防治</td><td></td></tr>
<tr><td></td><td>3</td><td>4</td><td></td><td></td><td colspan="2">制订茄果类蔬菜生产计划</td><td></td></tr>
<tr><td></td><td>3</td><td>4</td><td>1</td><td></td><td colspan="2">茄果类蔬菜茬口安排</td><td></td></tr>
<tr><td>195</td><td>3</td><td>4</td><td>1</td><td>1</td><td colspan="2">番茄的茬口安排</td><td></td></tr>
<tr><td>196</td><td>3</td><td>4</td><td>1</td><td>2</td><td colspan="2">辣椒的茬口安排</td><td></td></tr>
<tr><td></td><td>4</td><td></td><td></td><td></td><td colspan="2">甘蓝类蔬菜栽培技术</td><td></td></tr>
<tr><td></td><td>4</td><td>1</td><td></td><td></td><td colspan="2">甘蓝类蔬菜的识别</td><td></td></tr>
<tr><td></td><td>4</td><td>1</td><td>1</td><td></td><td colspan="2">甘蓝</td><td></td></tr>
<tr><td>197</td><td>4</td><td>1</td><td>1</td><td>1</td><td colspan="2">甘蓝的植物学特性</td><td></td></tr>
<tr><td>198</td><td>4</td><td>1</td><td>1</td><td>2</td><td colspan="2">甘蓝对环境条件的要求</td><td></td></tr>
<tr><td>199</td><td>4</td><td>1</td><td>1</td><td>3</td><td colspan="2">甘蓝的类型</td><td></td></tr>
<tr><td>200</td><td>4</td><td>1</td><td>1</td><td>4</td><td colspan="2">甘蓝主要品种</td><td></td></tr>
<tr><td></td><td>4</td><td>1</td><td>2</td><td></td><td colspan="2">其他甘蓝类蔬菜</td><td></td></tr>
<tr><td>201</td><td>4</td><td>1</td><td>2</td><td>1</td><td colspan="2">抱子甘蓝特征特性与识别</td><td></td></tr>
<tr><td>202</td><td>4</td><td>1</td><td>2</td><td>2</td><td colspan="2">花椰菜、绿花菜特征特性与识别</td><td></td></tr>
</table>

续表

职业（工种）名称					蔬菜园艺工	等级	三级
职业代码							
序号	鉴定点代码				鉴定点内容	备注	
	章	节	目	点			
203	4	1	2	3	芥蓝特征特性与识别		
204	4	1	2	4	球茎甘蓝特征特性与识别		
	4	2			甘蓝类蔬菜栽培技术		
	4	2	1		春季甘蓝栽培（简称春甘蓝）技术		
205	4	2	1	1	播种育苗技术		
206	4	2	1	2	甘蓝囤苗技术		
207	4	2	1	3	定植技术		
208	4	2	1	4	田间管理技术		
209	4	2	1	5	采收、留种、包装技术		
	4	2	2		夏季甘蓝栽培（简称夏甘蓝）技术		
210	4	2	2	1	品种选择、播种、整地、定植		
211	4	2	2	2	田间管理及采收		
	4	2	3		秋冬栽培（简称秋冬甘蓝）技术		
212	4	2	3	1	品种选择、播种、整地、定植技术		
213	4	2	3	2	田间管理及采收		
	4	2	4		其他甘蓝类蔬菜栽培技术		
214	4	2	4	1	抱子甘蓝栽培技术		
215	4	2	4	2	花椰菜栽培技术		
216	4	2	4	3	绿花菜栽培技术		
217	4	2	4	4	球茎甘蓝栽培技术		
218	4	2	4	5	芥蓝栽培技术		
219	4	2	4	6	紫甘蓝栽培技术		
	4	3			甘蓝类蔬菜病虫害的发生与防治		
	4	3	1		主要病害的发生与防治		
220	4	3	1	1	甘蓝黑腐病、霜霉病危害与防治		
221	4	3	1	2	甘蓝软腐病、根肿病危害与防治		
222	4	3	1	3	甘蓝黑斑病、菌核病危害与防治		
	4	3	2		主要虫害的发生与防治		
223	4	3	2	1	蚜虫危害与防治		
224	4	3	2	2	菜青虫危害与防治		

续表

职业(工种)名称					蔬菜园艺工	等级	三级
职业代码							
序号	鉴定点代码				鉴定点内容	备注	
	章	节	目	点			
225	4	3	2	3	小菜蛾发生与防治		
226	4	3	2	4	甜菜夜蛾危害与防治		
227	4	3	2	5	黄曲条跳甲危害与防治		
228	4	3	2	6	斜纹夜蛾危害与防治		
229	4	3	2	7	烟粉虱危害与防治		
230	4	3	2	8	地下害虫危害与防治		
231	4	3	2	9	软体动物危害与防治		
	4	4			制订甘蓝类蔬菜生产计划		
	4	4	1		甘蓝类蔬菜茬口安排		
232	4	4	1	1	结球甘蓝栽培的茬口安排		
233	4	4	1	2	结球甘蓝制种的茬口安排		
234	4	4	1	3	花椰菜的茬口安排		
	5				白菜类蔬菜栽培技术		
	5	1			白菜类品种识别		
	5	1	1		大白菜品种识别		
235	5	1	1	1	植物学特性		
236	5	1	1	2	对环境条件要求		
237	5	1	1	3	根据生长形态分类		
238	5	1	1	4	根据营养生长时期和叶数叶重分类		
239	5	1	1	5	主要品种		
	5	1	2		青菜(小白菜、普通白菜)品种识别		
240	5	1	2	1	植物学特性		
241	5	1	2	2	对环境条件要求		
242	5	1	2	3	青菜的分类		
243	5	1	2	4	夏季青菜主要品种		
244	5	1	2	5	秋冬季青菜主要品种		
	5	2			白菜类蔬菜栽培技术		
	5	2	1		大白菜秋季栽培技术		
245	5	2	1	1	播种育苗、作畦定植		
246	5	2	1	2	田间管理及采收		

续表

职业(工种)名称					蔬菜园艺工	等级	三级
职业代码							
序号	鉴定点代码				鉴定点内容		备注
	章	节	目	点			
247	5	2	1	3	留种		
	5	2	2		大白菜春季栽培技术		
248	5	2	2	1	播种育苗		
249	5	2	2	2	定植、田间管理与采收		
	5	2	3		大白菜夏季栽培技术		
250	5	2	3	1	品种选择、整地作畦与播种		
251	5	2	3	2	田间管理与采收		
	5	2	4		杭白菜栽培技术		
252	5	2	4	1	品种选择、整地作畦与播种		
253	5	2	4	2	田间管理与采收		
	5	2	5		小白菜(青菜)春季栽培技术		
254	5	2	5	1	播种育苗		
255	5	2	5	2	整地作畦、定苗和定植		
256	5	2	5	3	田间管理与采收		
257	5	2	5	4	包装与留种		
	5	2	6		小白菜(青菜)夏季栽培技术		
258	5	2	6	1	品种选择、整地作畦		
259	5	2	6	2	播种、田间管理与采收		
	5	2	7		小白菜(青菜)秋季栽培技术		
260	5	2	7	1	播种育苗与定植		
261	5	2	7	2	田间管理与采收		
	5	2	8		小白菜(青菜)冬季栽培技术		
262	5	2	8	1	播种育苗与定植		
263	5	2	8	2	田间管理与采收		
	5	3			白菜类蔬菜主要病虫害识别与防治		
	5	3	1		白菜类主要病害识别与防治		
264	5	3	1	1	白斑病、黑斑病、菌核病、霜霉病危害与防治		
265	5	3	1	2	白斑病、黑斑病、菌核病、霜霉病危害与防治		
266	5	3	1	3	病毒病、软腐病、根肿病危害与防治		
267	5	3	1	4	病毒病、软腐病危害与防治		
	5	3	2		白菜类主要虫害发生与防治		

续表

职业(工种)名称					蔬菜园艺工	等级	三级
职业代码							
序号	鉴定点代码				鉴定点内容		备注
	章	节	目	点			
268	5	3	2	1	菜青虫、小菜蛾、甜菜夜蛾、斜纹夜蛾危害		
269	5	3	2	2	菜青虫、小菜蛾、甜菜夜蛾、斜纹夜蛾的防治		
270	5	3	2	3	黄曲条跳甲、蚜虫危害与防治		
271	5	3	2	4	黄曲条跳甲、蚜虫危害与防治		
272	5	3	2	5	猿叶甲危害与防治		
	5	4			制订白菜类蔬菜生产计划		
	5	4	1		白菜类蔬菜茬口安排		
273	5	4	1	1	大白菜茬口安排		
274	5	4	1	2	青菜茬口安排		
	6				根菜类蔬菜栽培技术		
275	6	0	0	1	根菜类蔬菜基础知识		
	6	1			根菜类蔬菜的识别		
	6	1	1		萝卜特征特性与识别		
276	6	1	1	1	植物学特性		
277	6	1	1	2	对温度的要求		
278	6	1	1	3	对其他环境条件的要求		
279	6	1	1	4	萝卜根据根形与用途分类		
280	6	1	1	5	萝卜根据生育期与栽培季节分类		
281	6	1	1	6	萝卜主要品种		
	6	1	2		其他根菜类蔬菜的识别		
282	6	1	2	1	胡萝卜的特征特性与识别		
283	6	1	2	2	芜菁的特征特性与识别		
284	6	1	2	3	芜菁甘蓝的特征特性与识别		
	6	2			萝卜栽培技术		
285	6	2	0	1	萝卜栽培季节分类		
	6	2	1		萝卜秋季栽培技术		
286	6	2	1	1	品种选择		
287	6	2	1	2	选地整地		
288	6	2	1	3	播种		
289	6	2	1	4	管理		
290	6	2	1	5	采收		

续表

职业(工种)名称					蔬菜园艺工	等级	三级
职业代码							
序号	鉴定点代码				鉴定点内容	备注	
	章	节	目	点			
	6	2	2		萝卜夏季栽培技术		
291	6	2	2	1	品种选择		
292	6	2	2	2	整地作畦、播种		
293	6	2	2	3	田间管理与采收		
	6	2	3		萝卜春季栽培技术		
294	6	2	3	1	品种选择		
295	6	2	3	2	播种管理与采收		
	6	3			其他根类菜蔬菜栽培技术		
296	6	3	1	1	胡萝卜栽培技术		
297	6	3	1	2	芜菁栽培技术		
298	6	3	1	3	芜菁甘蓝栽培技术		
299	6	3	1	4	根甜菜栽培技术		
300	6	3	1	5	牛蒡栽培技术		
	6	4			根菜类蔬菜主要病虫害发生与防治		
	6	4	1		主要病害发生与防治		
301	6	4	1	1	黑根病危害与防治		
302	6	4	1	2	软腐病危害与防治		
303	6	4	1	3	病毒病、黑叶斑危害与防治		
304	6	4	1	4	菌核病、霜霉病危害与防治		
	6	4	2		主要虫害发生与防治		
305	6	4	2	1	萝卜蚜虫危害与防治		
306	6	4	2	2	黄曲条跳甲危害与防治		
307	6	4	2	3	甜菜夜蛾危害与防治		
308	6	4	2	4	猿叶甲、茴香金凤蝶危害与防治		
	6	5			制订根菜类蔬菜生产计划		
	6	5	1		根菜类蔬菜茬口		
309	6	5	1	1	萝卜的茬口安排		
310	6	5	1	2	其他根菜类蔬菜的茬口安排		
	7				豆类蔬菜栽培技术		
311	7	0	0	1	豆类蔬菜基础知识		
	7	1			豆类蔬菜的识别		

续表

职业(工种)名称					蔬菜园艺工	等级	三级
职业代码							
序号	鉴定点代码				鉴定点内容	备注	
	章	节	目	点			
	7	1	1		毛豆(菜用大豆)的识别		
312	7	1	1	1	毛豆植物学特性		
313	7	1	1	2	毛豆对环境条件要求		
314	7	1	1	3	毛豆的类型与品种		
	7	1	2		豇豆的识别		
315	7	1	2	1	豇豆植物学特性		
316	7	1	2	2	对环境条件的要求		
317	7	1	2	3	豇豆类型与品种		
	7	1	3		扁豆的识别		
318	7	1	3	1	扁豆的植物学特性		
319	7	1	3	2	对环境条件的要求		
320	7	1	3	3	扁豆类型与品种		
	7	1	4		菜豆的识别		
321	7	1	4	1	菜豆的植物学特性		
322	7	1	4	2	对环境条件的要求		
323	7	1	4	3	菜豆类型与品种		
	7	1	5		豌豆的识别		
324	7	1	5	1	豌豆的植物学特性		
325	7	1	5	2	对环境条件的要求		
326	7	1	5	3	豌豆类型与品种		
	7	2			豆类蔬菜栽培技术		
	7	2	1		毛豆(菜用大豆)的栽培技术		
327	7	2	1	1	播种育苗		
328	7	2	1	2	定植、田间管理、采收		
	7	2	2		豇豆栽培技术		
329	7	2	2	1	春季栽培技术		
330	7	2	2	2	秋季栽培技术		
	7	2	3		扁豆栽培技术		
331	7	2	3	1	春季大棚栽培技术		
332	7	2	3	2	春季露地栽培技术		
	7	2	4		豌豆栽培技术		

续表

职业(工种)名称					蔬菜园艺工	等级	三级
职业代码							
序号	鉴定点代码				鉴定点内容	备注	
	章	节	目	点			
333	7	2	4	1	粒用豌豆栽培技术		
334	7	2	4	2	荚用豌豆栽培技术		
335	7	2	4	3	苗用豌豆栽培技术		
	7	2	5		菜豆栽培技术		
336	7	2	5	1	菜豆春季栽培技术		
337	7	2	5	2	秋季栽培技术		
	7	3			豆类蔬菜主要病虫害发生与防治		
	7	3	1		豆类蔬菜主要病害发生与防治		
338	7	3	1	1	豆类锈病危害与防治		
339	7	3	1	2	豆类白粉病危害与防治		
340	7	3	1	3	豆类炭疽病危害与防治		
341	7	3	1	4	豇豆病毒病、煤霉病危害与防治		
342	7	3	1	5	根结线虫病危害与防治		
	7	3	2		豆类蔬菜主要虫害发生与防治		
343	7	3	2	1	豆野螟、豆荚螟危害与防治		
344	7	3	2	2	大豆食心虫、大豆毒蛾危害与防治		
345	7	3	2	3	豆类蚜虫危害与防治		
346	7	3	2	4	豌豆潜叶蝇危害与防治		
347	7	3	2	5	叶螨(红蜘蛛)危害与防治		
	7	4			制订豆类蔬菜生产计划		
	7	4	1		豆类蔬菜茬口		
348	7	4	1	1	毛豆的茬口安排		
349	7	4	1	2	豇豆的茬口安排		
350	7	4	1	3	其他豆类的茬口安排		

注:参见上海市职业技能鉴定中心发布的《蔬菜园艺工》。